序

　　鑑於國際「洗錢防制暨反資恐」相關監理規定日益增多與查核的技術不斷地提升，我國金融機構面臨的法令遵循及衍生鉅額國際裁罰的風險因此快速提高。國際監理單位利用 CAATs 工具進行「洗錢防制暨反資恐」查核，進而找出多家金融機構在法規遵循上的漏洞並進行高金額的裁罰。

　　防範洗錢第一線的金融機構(包含銀行、保險、證券、期貨等各式金融相關服務產業)，均需加強洗錢防制暨反資恐相關內控控制與風險管理，以避免違反國際相關監督規定，衍生鉅額國際裁罰，影響金融國際化的腳步。

　　國際電腦稽核教育協會(ICAEA)強調：「專業人員應是熟練一套 CAATs 工具與學習分析查核方法，來面對新的電子化營運環境的大數據挑戰，才是正道」。ACL 是國際上使用最廣的 CAATs 工具，因此本書以其為例，透過實例資料的演練，了解國際上最新洗錢防制的查核技巧，自動上網下載 OFAC 監管與裁制黑名單--SDN、解密巴拿馬文件...等反恐洗錢常用的雲端 OPEN DATA，比對內部往來帳戶與交易資料，快速找出高風險疑似洗錢之帳戶或交易資料，善盡反洗錢申報與防制之法令遵循義務。

　　歡迎金融相關從業人員，包含稽核人員、法令遵循、風險控管人員等，共同學習 CAATs 工作的應用，唯有透過持續提升資訊科技技術應用能力，方能有效監管，確保法規的遵循，踏穩金融國際化的腳步。

ICAEA 國際電腦稽核教育協會大中華分會
JACKSOFT 傑克商業自動化股份有限公司
黃秀鳳分會長/總經理
2018/07/25

電腦稽核專業人員十誡

　　ICAEA 所訂的電腦稽核專業人員的倫理規範與實務守則，以實務應用與簡易了解為準則，一般又稱為『電腦稽核專業人員十誡』。其十項實務原則說明如下：

1. 願意承擔自己的電腦稽核工作的全部責任。

2. 對專業工作上所獲得的任何機密資訊應要確保其隱私與保密。

3. 對進行中或未來即將進行的電腦稽核工作應要確保自己具備有足夠的專業資格。

4. 對進行中或未來即將進行的電腦稽核工作應要確保自己使用專業適當的方法在進行。

5. 對所開發完成或修改的電腦稽核程式應要盡可能的符合最高的專業開發標準。

6. 應要確保自己專業判斷的完整性和獨立性。

7. 禁止進行或協助任何貪腐、賄賂或其他不正當財務欺騙性行為。

8. 應積極參與終身學習來發展自己的電腦稽核專業能力。

9. 應協助相關稽核小組成員的電腦稽核專業發展，以使整個團隊可以產生更佳的稽核效果與效率。

10. 應對社會大眾宣揚電腦稽核專業的價值與對公眾的利益。

目錄

ACL實務個案演練

洗錢防制查核實例演練:
黑名單與反資恐(含巴拿馬文件)交易查核

Copyright © 2018 JACKSOFT.

傑克商業自動化股份有限公司

JACKSOFT為台灣唯一通過經濟部能量登錄與ACL原廠雙重技術認證
「電腦稽核」專業輔導機構,技術服務品質有保障

國際電腦稽核教育協會
認證課程

Jacksoft Commerce Automation Ltd.　　　　　　　　　　　Copyright © 2018 JACKSOFT.

洗錢防制面面觀

洗錢防制相關法規
及
洗錢防制政策

認識客戶
(KYC)

客戶背景調
查(CDD)

疑似洗錢交易
申報制度

大額通貨交易
申報制度

2

金融機構防制洗錢的角色與功能

· 洗錢防制範圍： 防制洗錢行為(洗錢防制)與
　　　　　　　　防制資助恐怖主義金融活動(防恐金融)

◆洗錢行為，大部分皆是透由金融機構，利用假名、借名利用金融機構移動其犯罪收益。

◆洗錢防制法將18種常被洗錢者利用管道納入「金融機構」定義範圍，其中保險事業也被列為洗錢防制法適用之範圍。洗錢者以往多以不法所得購買人壽保險或年金保險，而近年來投資型保險商品所兼具之投資功能，亦已成為洗錢者注意之目標。

◆各金融機構須負擔下列3項義務(洗錢防制法)：

訂定防制洗錢應注意事項、申報「大額通貨交易報告」、
申報「疑似洗錢交易報告」。

洗錢防制國際裁罰案例

即時新聞 》管控洗錢有漏洞 美罰渣打銀行90億元
Breaking news

【數位新聞中心／綜合報導】　　　　　　　　　　2014.08.20 05:10 pm

美國金融監管單位19日宣布，渣打銀行紐約分行已就反洗錢監管問題，與他們達成和解，裁罰3億美元（約90億台幣）。同時，香港分公司在問題修正前，將會暫停為小型企業客戶提供美元結算業務。

2012年渣打銀行就因為涉入洗錢案，被美國監管單位盯上。當時美國紐約金融局宣稱，渣打銀行涉嫌與伊朗從事洗黑錢活動長達10年，違反美國反洗錢條例。當時，渣打銀行就為此賠上3.4億美元罰款，並且承諾加強監管。

但兩年之後，渣打的監管系統在美國看來仍是不合格。紐約州金融局19日聲明說，按照2012年與該局達成的和解協議，渣打銀行在糾正有關反洗錢問題上仍不成功。

紐約州金融局負責人稱，如果一家銀行違背自己曾經做過的承諾，將會面臨後果。同時也強調反洗錢監管方面的重要性，指出這對打擊恐怖主義等行為非常重要。

美國金融監管單位最近積極查處金融機構，特別是外國銀行在反洗錢等方面存在的漏洞和違反美國法律的問題。法國巴黎銀行日前接受處罰，罰金總額高達近90億美元（約2700億台幣），也創下美國對外國銀行開罰金額的紀錄。

- 渣打銀行為英國第5大銀行, 2001年到2010年期間，涉嫌透過隱藏交易代碼手段，幫助伊朗銀行和企業躲避美方監管，所涉及交易達6萬筆，資金總額達2500億美元

- 渣打銀行除了支付3.4億美元外還需在紐約分支機構安排一名由紐約州金融服務局選定人員，主要為監督渣打銀行洗錢風險控制情況，並須設定專人監控每筆海外交易......

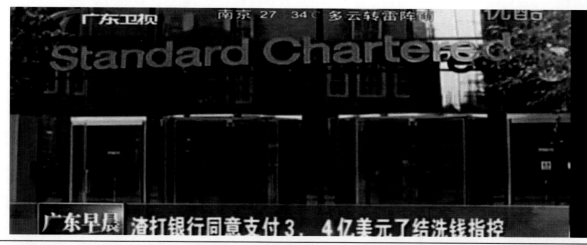

5

反洗錢案 花旗墨西哥銀行遭聯邦調查

【簡體】【列印版】【字號】大中小   推文 0   8+1 0   讚 分享 0

【大紀元2014年03月04日訊】（大紀元記者嚴海編譯報導）花旗集團（Citigroup Inc）表示，在該行披露旗下墨西哥銀行涉嫌欺詐賬單後不久，即收到聯邦存款保險公司

（FDIC）及麻薩諸塞州（Massachusetts）聯邦檢察官的傳票。

匯豐銀行就洗錢認罰19億美元

更新時間 2012年12月11日, 格林尼治標準時間03:47

來自美國的報道稱，匯豐銀行同意就為伊朗洗錢問題向美國當局繳納19億美元的高額和解金。

這是歷來此類案件中涉及的最高金額。

匯豐銀行同意繳納罰款意味著該銀行將不必面臨美國的司法起訴。

據信美國當局可能將在星期二（12月11日）宣佈這一進展。

美國檢控官指責匯豐銀行通過美國金融系統為伊朗當局以及墨西哥販毒集團洗錢。

匯豐銀行此前承認銀行內部對洗錢行為的控制存在疏漏，上個月還宣佈預留15億美元以備繳納和解金或罰金。

而就在星期一，英國渣打銀行業同意支付3.27億美元，就美聯儲指控其違反美國對伊朗、利比亞和緬甸的制裁與美國方面達成和解。

匯豐銀行承認未能良好杜絕洗錢問題

表示，因銀...
...反洗錢問...
...（Banco...
...）已收到麻...
...國家銀行的...
...但未透露這...
...查有關。

相關內容

渣打以三億多美元和解美聯署指控
匯豐出售所持全部平安保險股份
美國調查中資銀行與伊朗金融交易

...團上週五...
...第四季度及...
...元。在此之...

相關新聞話題

金融財經, 美國

...，發現在拖

6

美國開罰銀行業涉洗錢案例
製表：編譯楊芙宜

時間	銀行	罰款(美元)	原因
2016	兆豐銀行紐約分行	1.8億	和巴拿馬分行交易涉違反銀行保密法及反洗錢規定
2015	花旗集團	1.4億	旗下Banamax防制洗錢有缺失
2014	摩根大通	26億	未報告龐氏騙局主謀馬多夫可疑活動
2014	渣打銀行	3億	反洗錢監管系統缺失
2012	渣打銀行	3.4億	協助伊朗洗錢
2012	匯豐銀行	19億	協助伊朗及墨西哥、哥倫比亞毒梟洗錢

參考資料來源:自由時報, 2016.09.02

7

法規遵循的壓力鍊

社會壓力 ➡ 金管會 ➡ 證交所櫃買中心 ➡ 公開發行公司

Penalized

Fines and forfeitures paid in U.S. sanctions-violations and money-laundering cases, in millions

Source: Department of Justice, OFAC filings　　The Wall Street Journal

FCAP Top Ten Fines
(2007-2017)
1. Telia Company AB (Sweden): $965 million in 2017.
2. Siemens (Germany): $800 million in 2008.
3. VimpelCom (Holland) $795 million in 2016.
4. Alstom (France): $772 million in 2014.
5. KBR / Halliburton (United States): $579 million in 2009.
6. Teva Pharmaceutical (Israel): $519 million in 2016.
7. Och-Ziff (United States): $412 million in 2016.
8. BAE (UK): $400 million in 2010.
9. Total SA (France) $398 million in 2013.
10. Alcoa (United States) $384 million in 2014.

一場罰款的新經濟遊戲正在誕生

8

亞太洗錢防制組織（APG）

~2018年將檢驗台灣金融機構
我們是否做好防制洗錢相關準備?

防制洗錢及打擊資助恐怖主義相關法令規定與注意事項範本

金融機構防制洗錢及打擊資助恐怖主義注意事項範本

中華民國銀行公會
「銀行防制洗錢及打擊資恐注意事項範本」

金融監督管理委員會102年8月30日
金管銀法字第10200247510號函核定
金融監督管理委員會103年6月24日
金管銀法字第10300160180號函准予
金融監督管理委員會104年5月11日
金管銀法字第10400092790號函准予
金融監督管理委員會105年2月19日
金管銀法字第10500029440號函准予
金融監督管理委員會106年6月28日
金管銀法字第10610003210號函准予

第一條
　本範本依「洗錢防制法」、「資恐防制法」及「銀行業及電子支付帳號儲值卡發行機構防制洗錢及打擊資恐內部控制要點」訂定。銀行除依本外，另須遵循「存款帳戶及其疑似不法或顯屬異常交易管理辦法」、「銀行業等金融業務分行管理辦法」及「金融機構辦理國內匯款作業確認原則」等規定。

第二條
　銀行依「金融控股公司及銀行業內部控制及稽核制度實施辦法」訂定建立之內部控制制度，應經董（理）事會通過；修正時，亦同。應包括下列事項：
一、依據「銀行評估洗錢及資恐風險及訂定相關防制計畫指引」（以下簡稱指引）訂定對洗錢及資恐風險進行辨識、評估、管理之相關政策及程序。
二、依該指引與風險評估結果及業務規模，訂定防制洗錢及打擊資恐計畫，以管理及降低已辨識出之風險，並對其中之較高風險，採取強化管理措施。
三、監督控管防制洗錢及打擊資恐法令遵循及防制洗錢及打擊資恐計畫執行之標準作業程序，並納入自行查核及內部稽核項目，且於必要時予以強化。

前項第一款洗錢及資恐風險之辨識、評估及管理，應至少涵蓋客戶、地域、產品及服務、交易或支付管道等面向，並依下列規定辦理：
一、應製作風險評估報告。
二、應考量所有風險因素，以決定整體風險等級，及降低風險之適當措施。
三、應訂定更新風險評估報告之機制，以確保風險資料之更新。
四、應於完成或更新風險評估報告時，將風險評估報告送主管機關備查。

（第一項第二款之防制洗錢機制：）
一、確認客戶身分。
二、客戶及交易有關對象之姓名及名稱檢核。
三、帳戶及交易之持續監控。
四、通匯往來銀行業務。
五、紀錄保存。
六、一定金額以上通貨交易申報。
七、疑似洗錢或資恐交易申報。
八、指定防制洗錢及打擊資恐專責主管負責遵循事宜。
九、員工遴選及任用程序。
十、持續性員工訓練計畫。
十一、測試防制洗錢及打擊資恐制度有效性之獨立稽核功能。
十二、其他依防制洗錢及打擊資恐相關法令及主管機關規定之事項。

　銀行已設立防制洗錢及打擊資恐專責單位之國外分公司（或子公司）之防制洗錢及打擊資恐計畫，於集團內之分行或子公司所在地之標準高於我國者外，另外符合當地法令規定及監理要求者，並報主管機關備查。
一、為確認客戶身分與風險評估之目的。
二、為防制洗錢及打擊資恐之監控及防制洗錢及打擊資恐計畫。

（存）
四、本檢核機制應予測試，測試面向包括：
（一）制裁名單及門檻設定是否基於風險基礎方法。
（二）輸入資料與對應之系統欄位正確及完整。
（三）比對與篩檢邏輯。
（四）模型驗證。
（五）資料輸出正確及完整。
五、依據測試結果確認是否仍能妥適及恰當偵測風險並適時修正之。

第九條
　銀行對帳戶及交易之持續監控，應依下列規定辦理：
一、銀行應以其資訊系統整合全公司客戶之基本資料及交易資料，供總（分）公司進行基於防制洗錢及打擊資恐目的之查詢，以強化其帳戶及交易監控能力。對於各單位調取或查詢客戶之資料，應建立內部控制程序，並注意資料之保密性。
二、依據以風險為基礎方法，建立帳戶及交易監控政策與程序，並利用資訊系統，輔助發現疑似洗錢或資恐交易。
三、依據防制洗錢與打擊資恐法令規範、其客戶性質、業務規模及複雜度、內部與外部之洗錢及資恐相關趨勢與資訊、銀行內部風險評估結果，檢討其帳戶及交易監控政策及程序，並定期更新之。
四、帳戶及交易監控政策及程序，至少應包括完整之監控態樣、參數設定、金額門檻、預警案件與監控作業之執行程序與監控案件之檢視程序及申報等程序，並應予以書面化。
五、前款機制應予測試，測試面向包括：
（一）內部控制流程：檢視帳戶及交易監控機制之相關人員或單位之角色與責任。
（二）輸入資料與對應之系統欄位正確及完整。
（三）偵測情境邏輯。
（四）模型驗證。

15

11

附錄　疑似洗錢或資恐交易態樣

金融監督管理委員會106年6月
金管銀法字第10610003210號函

一、產品/服務—存提匯款類
（一）同一帳戶在一定期間內之現金存、提款交易，分別以上者。
（二）同一客戶在一定期間內，於其帳戶辦理多筆現金存、提款交易，分別累計達特定金額以上者。
（三）同一客戶在一定期間內以每筆略低於一定金額通貨交易報告標準之現金辦理存、提款，分別累計達特定金額以上者。
（四）客戶突有達特定金額以上存款者（如將多張本票存入同一帳戶）。
（五）不活躍帳戶突有達特定金額以上資金出入，且又迅速移轉者。
（六）客戶開戶後立即有達特定金額以上款項存、匯入，且又迅速移轉者。
（七）存款帳戶密集存入多筆款項達特定金額以上或筆數達一定數量以上，且又迅速移轉者。
（八）客戶經常於數個不同客戶帳戶間移轉資金達特定金額以上者。
（九）客戶經常以現金為名，轉帳為實方式處理有關交易者。
（十）客戶每筆存、提金額相當且相距時間不久，並達特定金額以上者。
（十一）客戶經常代理他人存、提，或特定帳戶經常由第三人存、提現金達特定金額以上者。
（十二）客戶一次性以現金分多筆匯出、或要求開立票（如本票、存放同業支票、匯票），申請可轉讓定期存單、旅行支票、其他有價證券，其合計金額達特定金額以上者。
（十三）客戶結購或結售達特定金額以上外匯、外幣現鈔、旅行支票、外幣

（十五）自洗錢或資恐高風險國家或地區匯入（或匯至該等國家或地區）之交易款項達特定金額以上。本範本所述之高風險國家或地區，包括但不限於金融監督管理委員會函轉國際洗錢防制組織所公告防制洗錢及打擊資恐有嚴重缺失之國家或地區，及其他未遵循或未充分遵循國際洗錢防制組織建議之國家或地區。

二、產品/服務—授信類
（一）客戶突以達特定金額之款項償還授信，而無法說明合理之還款來源。

十、資恐類
（一）交易有關對象為金融監督管理委員會函轉外國政府所提供之恐怖分子或團體者；或國際組織認定或追查之恐怖組織；或交易資金疑似或有合理理由懷疑與恐怖活動、恐怖組織或資恐有關聯者。
（二）在一定期間內，年輕族群客戶提領或轉出累計達特定金額以上，並轉往或匯款至軍事及恐怖活動頻繁之熱門地區，或至非營利團體累計達特定金額以上，並立即結束往來關係或關戶。
（三）以非營利團體名義經常進行達特定金額以上之跨國交易，且無合理解釋者。

十一、跨境交易類
（一）客戶經常匯款至國外達特定金額以上者。
（二）客戶經常由國外匯入大筆金額且立即提領現金達特定金額以上者。
（三）客戶經常自國外收到達特定金額以上款項後，立即再轉該筆款項匯回同一個國家或地區的另一個人，或匯至匯款方為另一國家或地區的帳戶者。
（四）客戶頻繁而大量將款項從高避稅風險或高金融保密的國家或地區匯入或匯出者。

12

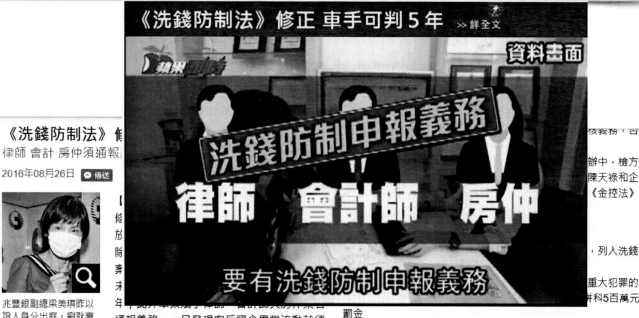

《洗錢防制法》修正 車手可判5年　　>>詳全文

資料畫面

洗錢防制申報義務
律師　會計師　房仲
要有洗錢防制申報義務

《洗錢防制法》修正
律師 會計 房仲須通報

2016年08月26日 🔘 傳送

兆豐銀副總梁美琪昨以
證人身分出庭。劉耿豪
攝

辦中，檢方
陳天祿和企
《金控法》

，列入洗錢

重大犯罪的
科5百萬元
罰金

降低門檻：
‧「重大犯罪」門檻，從最重5年降為最重3年的案件均適用；增列
環保、人口販運與智慧財產等罪
‧刪除犯罪所得須達5百萬元才構成洗錢的限制
增列通報義務人：將律師、會計師和不動產仲介業者列入通報義務
人，負有審核及向調查局通報義務，否則最重可處25萬元罰鍰
資料來源：法務部

通報義務，一旦發現客戶資金異常流動就須
通報調查局，否則最重會被處以二十五萬元
罰鍰。

人頭 取贓款算洗錢
法務部指出，國際社會日益重視跨境犯罪、洗錢等行為，台灣為與
國際接軌並強化打擊跨境電信詐欺犯罪、人肉運鈔洗錢的決心，因
此重新修正《洗錢防制法》，將常見詐騙案件中，提供帳戶供人詐
騙的人頭、協助領取贓款的車手，此兩類犯行明確列為洗錢行為，
並以《洗錢防制法》規範。

🔲 蘋果日報 ✓

13

內控風險三道防線與趨勢變化

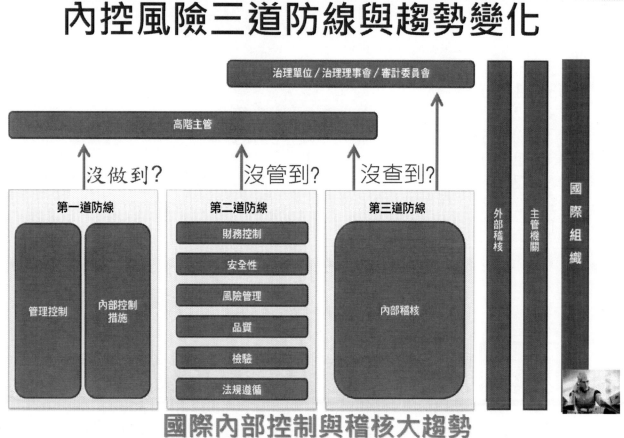

治理單位 / 治理理事會 / 審計委員會

高階主管

沒做到？　　　沒管到？　　　沒查到？

第一道防線	第二道防線	第三道防線
管理控制　內部控制措施	財務控制 安全性 風險管理 品質 檢驗 法規遵循	內部稽核

外部稽核　主管機關　國際組織

國際內部控制與稽核大趨勢

資料來源: IIA **持續性內控風險評估應用應擴大到組織各層面**　　14

國際內部控制與稽核大趨勢

Audit Automation

The increasing emphasis on data analytics that many observers point to won't happen without an underlying emphasis on automation in general. Hence, the automation of internal audit processes could change next year as business process automation throughout the enterprise increases. "Even if internal audit could support automation," Charlotta Hjelm notes, "process automation should stem from within the business, not internal audit."

Harold Silverman sees automation in all aspects of business continuing to expand, and notes that internal audit departments needn't worry about being replaced by machines. "Best-in-class departments will be able to use the tools and techniques available," he foresees, "but not lose the human side of performing an audit."

New technology brings new risks, though; internal auditors expect a heightened focus on fraud risk as more internal audit processes occur digitally. "We are moving toward a more automation-driven environment," Sonia Thomas notes.

運用雲端科技邁向稽核自動化

資料來源: IIA

使用工具的變革

1980 前　　算盤
1980~1990　計算機
1990~2000　試算表(Excel)或會計資訊系統
2000~2005　管理資訊系統(MIS)與企業資源規劃(ERP)系統
2005~2010　電腦稽核系統 (CAATs)
2010~2015　持續性稽核系統、內控自評系統與年度稽核計畫系統
2015~2018　雲端審計與風險與法遵管理系統(GRC)
2018~　　　AI人工智慧、雲端大數據與法遵科技

持續性稽核/監控是全球發展的趨勢

ACL Mission → Be Sought-After

法遵科技的應用

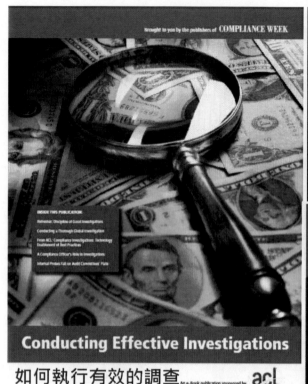

Conducting Effective Investigations

如何執行有效的調查 An e-Book publication sponsored by acl

遠離頭條新聞
Let's stay out of the headlines

Are you tasked with safeguarding your organization? Ineffective and inept internal investigations can be very costly to your bottom line AND reputation.

BRIBERY AND CORRUPTION
THE ESSENTIAL GUIDE TO MANAGING THE RISKS

反貪腐白皮書

法遵科技應用範疇

外部法遵:
- 政府規定: SOX, FCPA, OFAC….
- 產業規定: HIPAA, PCI DDS, Dodd Frank, OMB A-123, AML….

內部治理:
- ITGC, ISO, COBIT, COSO……

Policy Attestation	FCPA Compliance	Whistle Blower or Incident Hotline
Whodunnit, who didn't? Centrally track attestation of corporate policies to assess your workforce's compliance with annual policy and training.	Don't get bitten by the FCPA	Build a better whistle. A cornerstone of sound ethics and risk management.
Contract Compliance	**Export Compliance**	**Regulatory Compliance**
Take control now! Centrally manage contracts for the very best practice in oversight.	If you're global and you know it...protect yourself from embarrassing export risks.	Are 29,000+ regulatory changes per year keeping you up at night? Confidently manage impact and update your business.
Banking & Insurance Compliance	**Conduct Risk Management**	**AML Compliance**
Take the devil out of the details. Manage your financial services regulatory obligations.	Regulators want proof of conduct assurance. Paint them a pretty picture.	Keep the regulators out of your laundry.

近年來透過資料分析技術(CAATs)來達成內外法遵的
要求有明顯的提高趨勢。　　　　　　--- ICAEA

電腦稽核相關技術

依電腦稽核測試系統的方式分類

繞過電腦查核 (Auditing Around the Computer)	透過電腦查核 (Auditing Through the Computer)	利用電腦查核 (Auditing With the Computer)

Auditor Robots

You're either the one creating automation … or you're the one being automated.

A recent Oxford University study examined how automation and robotics are affecting different professions. Among the over 600 professions considered, auditing was right at the top— deemed by researchers as a profession ripe for automation, with a 96% chance of being largely replaced by computers in the next two to three decades.

Data Source: 2017 ACL

大數據資料的稽核分析時代

- 查核項目之評估判斷
- 資料庫之資料量龐大且關係複雜

大數據分析三步曲

DATA
⬇
INSIDE
⬇
ACTION

海量資料
快速分析

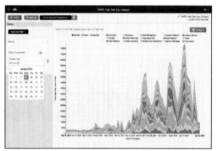

目前ACL台灣大數據資料記錄:
88億多筆分析ETC資料

23

電腦輔助稽核技術(CAATs)

- **稽核人員角度**所設計的通用稽核軟體,有別於以資訊或統計背景所開發的軟體,以資料為基礎的Critical Thinking(批判式思考),**強調分析方法論**而非僅工具使用技巧。

- 適用不同來源與各種資料格式之檔案匯入或系統資料庫連結,其特色是強調有科學依據的抽樣、資料勾稽與比對、檔案合併、日期計算、資料轉換與分析,**快速協助找出異常。**

- 最大的特色是個人電腦即可操作,可進行巨量資料分析與測試,**簡易又低成本。**

表:IIA與AuditNet組織的年度稽核軟體使用調查結果彙整

稽核軟體調查報告					
稽核軟體名稱	使用度(近似值)				
	2004年	2005年	2006年	2009年	2011年
ACL	50%	44%	35%	53%	57.6%
EXCEL	20%	21%	34%	5%	4.1%
IDEA	4%	8%	5%	5%	24.1%
其他	26%	27%	26%	37%	14.1%

24

Who Use CAATs進行資料分析?

- 內外部稽核人員、財務管理者、舞弊檢查者/鑑識會計師、法令遵循主管、控制專家、高階管理階層..
- 從傳統之稽核延伸到財務、業務、企劃等營運管理
- 增加在交易層次控管測試的頻率

電信業	流通百貨業	製造業
金融業	醫療業	服務業

25

世界公認的電腦稽核軟體權威

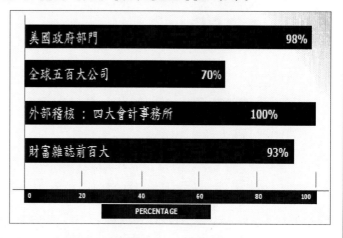

美國政府部門	98%
全球五百大公司	70%
外部稽核：四大會計事務所	100%
財富雜誌前百大	93%

acl™
Transform Audit and Risk

ACL在全球150個國家使用者超過21.5萬個

- 二十多年來是稽核、控制測試、與法規遵循技術解決方案的全球領導者
- 全球僅有可以服務超過400家Fortune 500 的商用軟體公司
- 比四大會計師事務所更專業的稽核顧問公司

26

Modern Tools for Modern Time

- ■ 軟體及服務的新時代
- ■ 使用軟體的重點 80/20 法則
- ■ 使用軟體的重點是要產生績效
- ■ 使用軟體的重點要創新

ISPIRATION

ACL Connections 2016

Be the most sought-after

27

AN (ACL Data Full Analytics Subscription)
特色說明：

- 友善介面：更美觀與直覺式操作介面，但熟悉的指令不變。
- 使用者控管：可安裝多台電腦，管理人員可以彈性管理與指派使用人員。
- 稽核程式庫: 提供Script範本超過300支，輕鬆下載使用。
- 查核錦囊: 提供一般與行業別常用的電腦查核項目說明.
- 線上學習：完整的線上教學，學習不中斷。
- 用戶指南：說明基本操作方法與最新更新資訊。
- 技術中心：合併原知識庫與使用者論壇，協助深入使用發揮更大效益。
- 雲端報表：提供雲端服務讓使用者可以上傳報表試用部分ACL GRC圖表分析功能。
- 使用才付費；每年不需維護費，即使中斷再使用也無需升級費用

28

A New, Fully Integrated Experience

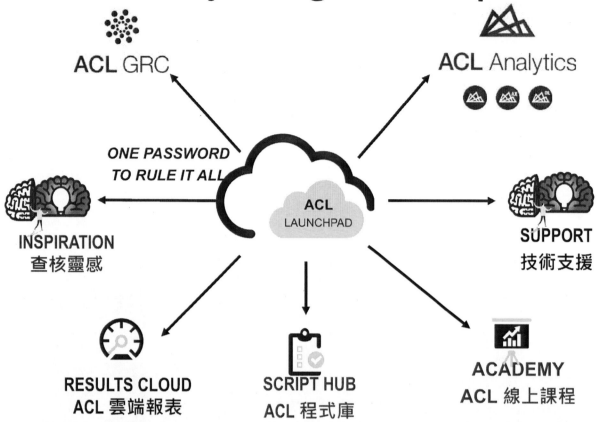

ACL GRC

ACL Analytics

ONE PASSWORD
TO RULE IT ALL

ACL
LAUNCHPAD

INSPIRATION
查核靈感

SUPPORT
技術支援

RESULTS CLOUD
ACL 雲端報表

SCRIPT HUB
ACL 程式庫

ACADEMY
ACL 線上課程

29

稽核程式撰寫更簡易

查核軌跡即可以
轉為稽核程式

30

超過300支的常用ACL 範本Script

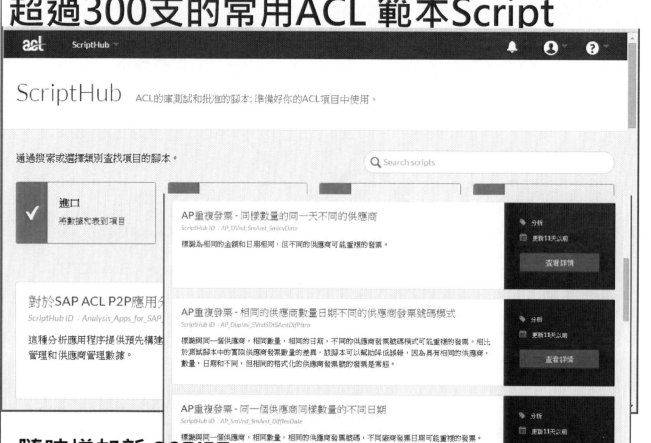

ScriptHub ACL的庫測試和批准的腳本；準備好你的ACL項目中使用。

通過搜索或選擇類別查找項目的腳本。　　　　　　　　　　　　　Q Search scripts

進口
將數據和表到項目

AP重複發票 - 同樣數量的同一天不同的供應商
ScriptHub ID：AP_DVnd_SmAmt_SmInvDate
標識為,相同的金額和日期相同,但不同的供應商可能重複的發票。

對於SAP ACL P2P應用分...
ScriptHub ID：Analysis_Apps_for_SAP...
這種分析應用程序提供預先構建...
管理和供應商管理數據。

AP重複發票 - 相同的供應商數量日期不同的供應商發票號碼模式
ScriptHub ID：AP_DupInv_SVndSDtSAmtDifPttrn
標識與同一個供應商,相同數量,相同的日期,不同的供應商發票號碼模式可能重複的發票。相比於測試腳本中的實際供應商發票數量的差異,該腳本可以幫助降低誤級,因為具有相同的供應商,數量,日期和不同,但相同的格式化的供應商發票號的發票是常態。

AP重複發票 - 同一個供應商同樣數量的不同日期
ScriptHub ID：AP_SmVnd_SmAmt_DiffInvDate
標識與同一個供應商,相同數量,相同的供應商發票號碼,不同廠商發票日期可能重複的發票。

分析
更新11天以前

隨時增加新 SCRIPT

31

點選即可以下載至AN

AP不尋常的發票編號

ScriptHub ID ❶ AP_Unusual_Invoice_Number:

腳本的詳細信息

標識由一個給定的供應商通常使用的發票號碼模式不同發票號碼模式。

先決條件

- 當運行在ACL分析這個劇本,因為正在生成任何提示填充分析標頭默認參數值。在代碼中提供的例子。
- 準備好的AP事務表包含歷史數據,建立每個供應商通常使用的發票號格局。
- 最低支持ACL的版本：11

數據要求

含AP交易在發票頭A級準備的ACL表。此表必須包含在最低限度,下面的字段名稱：

- 現場AP_Fiscal_Year〈CHARACTER〉,較本財年中,收到的發票。
- 現場AP_Business_Unit〈CHARACTER〉,佔供應商的業務單位標識符。
- 現場AP_Vendor_Account_ID〈CHARACTER〉,代表唯一一供應商ID。
- 現場AP_Currency_Reporting〈CHARACTER〉,表示發票金額的貨幣。

腳本文件

📄 AP_Unusual_Invoice_Numbers.acls...

相關腳本

這個腳本的依賴,點擊以下鍵接單獨下載它們

📄 CreateStub

📄 Enable_ScriptHub_Environment

📄 Disable_ScriptHub_Environment

32

點選即可以取得稽核程式

33

和國際同品質的稽核程式再利用

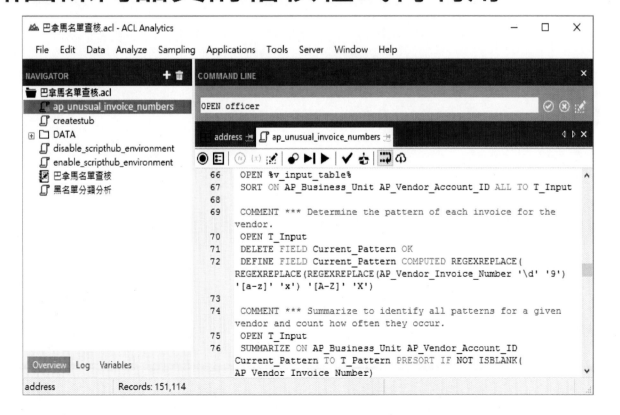

34

提供不同分類查核項目的建議

家 | 我的列表 | 搜索 | 有助於 | 排行榜 | 關於 | ScriptHub | 2.0啟示

啟示

數百幾十年的來自世界各地的ACL倡議建立的經驗分析思路。*瀏覽*，
貢獻，以及*評論*引發的靈感。

！NEW !!! 我們剛剛增加了大量的新靈感為你在我們的AML，公共部門和遊戲節！

按類別瀏覽

紫類別廣闊的父類。橙色類別有更詳細的子類別。

查看全部	一般	公共部門	賭博	製造業	金融服務	衛生保健

顯示 1-35 之 35

提供各項創新的查核靈感

公共部門

靈感來襲！
我們正在努力帶來更多的分析思路，以你的指尖。請耐心等待！

Search By Keyword		搜索

顯示 1-10 的 13　　　　　　　　　　　　　　　　10每頁 ▾　第1頁▾　的 2　〈 〉

名稱	描述	分類標籤	風險標籤	註釋	♡ 收藏夾
SSN死亡名單	通過識別提交的死亡者根據檔利要求確認保險資格的有效性	失業保險 公共部門	潛在欺詐 剖析		♡ 1
就業索賠	驗證是否UI索賠人通過交叉匹配的新員工數據庫實際使用	失業保險 公共部門	潛在欺詐 剖析	⬭ 1	♡ 1
熱的IP地址	識別多個檔利要求所通過相同的，"熱"的IP地址提交	失業保險 公共部門	潛在欺詐 剖析	⬭ 1	♡ 1

ACL防制洗錢查核範例

Anti-Money Laundering (AML)

Fraud detection in banking is a critical activity that can span a series of fraud schemes and fraudulent activity from bank employees and customers alike. Since banking is a highly regulated industry, there are a multitude of external compliance requirements that banks must adhere to in the combat against fraudulent and criminal activity.

From overdrawn accounts to AML compliance, ACL has you covered. Get started today with our extensive library of analytic tests.

Sanctioned accounts

Description

Identify any accounts with prohibited customers from a sanction list. Match the accounts file with a sanctioned individuals list and filter for any individuals appearing on both lists. Sanctioned list may depend on your organization's industry:

- System Award Management (SAM) list
- Office of Foreign Asset Control (OFAC)'s Specially Designated Nationals (SDN) list

Considerations

* Use customer address if available, along with names.
* Use the ISFUZZYDUP ( ) function or DICECOEFFICIENT ( ) function to ensure similar names entered in different formats are identified.
* If available, also compare with any black listed individuals listings available.

Example

Customer Walter Murray is a name flagged in the OFAC's SDN list for having ties with members of a narcotics trafficking group. Due to this apparent risk, the customer's account may require thorough review to ensure transactions are valid and legitimate.

Category	Anti-Bribery & Anti-Corruption (ABAC)
	Life Insurance
	Property & Casualty Insurance
	Insurance
	Anti-Money Laundering (AML)
	Financial Services
Tag(s)	Potential for Fraud
	Profiling
ScriptHub Link(s)	• Import SAM List - Exclusions Public Extracts - VBScript
	• Import OIG LEIE - CSV - List of Excluded Individuals / Entities - VBScript
	• Import Corruption Perception Index (CPI) 2014 - VBScript

Supporting Code Snippets:

- Standardize Corporate Names
- Standardize Name - Nicknames
- Standardize Name - Prefix and Suffix
- Standardized Address - Method 2
- Standardized Text - NYSIIS
- Acronym Matching
- Clean Middle Initial

ACL AML(洗錢防制)
電腦稽核建議項目:71項

序號	查核項目	說明
1	Accounts with high percentage of internet and telephone transactions 高比例互聯網與電話交易較帳戶	Identify customers initiating ACH transactions, including IATs, from the Internet or via telephone 識別透過網路或行動裝置啟動ACH交易（包括IAT）的客戶
2	Accounts with spikes in activity 帳戶活動激增	Identify Deposit accounts with spikes in unusual activity indicate a suspicious pattern 識別存在存款帳戶異常激增活動是否存在可疑相關交易
3	Low average account balances with high activity 帳戶平均餘額較低，活動量確偏高	Identify accounts where there is a large amount of activity but only a minimal amount is retained as the balance 在有大量活動的情況下的帳戶，只保留最低金額作為餘額

ACL AML(洗錢防制)
電腦稽核建議項目:71項

序號	查核項目	說明
4	Volume of transactions inconsistent with income status 交易量與收入狀況不一致	Identify any inconsistencies with customer income statuses 確定與客戶收入狀態的任何不一致
5	Joint account holders making all transactions 聯合帳戶持有人進行所有交易	Identify joint accounts where transactions are solely done by the joint account holder (and not the principal account holder) 確定聯合帳戶，其中交易完全由聯名帳戶持有人（而非主要帳戶持有人）完成
6	Volume of cash transactions by peer group 同行小組的現金交易	Identify customers who are performing higher than usual frequency of cash transactions for the peer group 辨識顧客的現金交易，是否有同行小組交易量高於平時的客戶

ACL AML(洗錢防制)
電腦稽核建議項目:71項

序號	查核項目	說明
7	Travel rule: IAT/ACH and EFT exceptions 旅行規則：IAT／ACH和EFT例外	Ensure compliance with the Travel Rule for IAT/ACH and EFT transactions 確保遵守IAT／ACH和EFT交易的旅行規則
8	Sequentially numbered instruments 順序編號的機器	Review transactions for sequentially numbered cash drafts to the same payee or from the same remitter 審查順序編號的現金匯票，到同一收款人或同一匯款人的交易
9	Watchlist monitoring 監視列表監控	Identify any account holder details matching information in a sanction list i.e OFAC's SDN list 確定在製裁列表中匹配信息的任何帳戶持有者詳細信息，即OFAC的SDN列表

ACL AML(洗錢防制)
電腦稽核建議項目:71項

序號	查核項目	說明
10	Transactions from classified countries 來自分類國家的交易	Identify transactions or account details that correspond with countries on a classified list (NCCT by FATF) 依（FATF的NCCT）分類清單，辨識交易或帳戶有相對應的國家
11	Review of customers, accounts, and households exempt from AML monitoring 審查免於AML監控的客戶，帳戶和族群	Identify any accounts who should not be a part of the Exemption List 確定不應成為豁免清單一部分的任何帳戶
12	Individuals and entities with changes to tax information 稅務信息發生變化的個人和實體	Identify individuals and entities with a change in tax information, or tax numbers that are not 9 digits 識別稅務信息變更的個人和實體，或非9位數的稅號

ACL AML(洗錢防制)
電腦稽核建議項目:71項

序號	查核項目	說明
13	Accounts, individuals, or households with EFT from multiple sources 來自多個個人或家庭來源的電子轉帳帳戶	Identify accounts, individuals, or households with transfers that originate from an unusually high number of bank accounts 識別來自多個個人或家庭來源的電子轉帳帳戶，含有異常高的交易量
14	Volume of international transactions by peer group 同行小組的國際交易量	For each account, determine the ratio of international transaction amounts (deposits and withdrawals) and total transaction amounts. 對於每個帳戶，確定國際交易金額（存款和取款）與總交易金額的比率。
15	Cash deposits and transfers-out within time window 現金存款和轉賬的時間窗	Identify any substantial increases in cash deposits, followed by a subsequent transfer to other accounts 確定現金存款的任何實質性增長，然後轉移到其他帳戶

ACL AML(洗錢防制)
電腦稽核建議項目:71項

序號	查核項目	說明
16	Large consolidated EFT transfers by individuals in the same household 同一族群中個人進行大規模綜合電子轉帳	Identify EFT transactions that are consolidated within certain dates for threshold review 確定在特定日期內合併以進行門檻值審核的EFT交易
17	Sample of transactions above threshold 超過門檻值的交易樣本	Identify a sample of large value deposit transactions which exceed or are only slightly below a specified threshold 確定超過或略低於指定閾值的大額存款交易樣本
18	Potential structuring 潛在的結構	Identify split transactions/structuring which exceed the AML threshold 識別超過AML門檻值的拆分交易與結構
19	Patrons misusing casino financial services 贊助人濫用賭場金融服務	Identify any patrons using the cage (casino cashier) for banking-like financial services 辨別客戶使用賭場帳房（賭場收銀員）進行類似銀行業務的金融服務

43

ACL AML(洗錢防制)
電腦稽核建議項目:71項

序號	查核項目	說明
20	Cash transactions over 10k 高於10,000美金之現金交易	Identify cash transactions exceeding $10,000 in a single day by group 辨別現金交易高於10,000門檻之顧客。
21	Cash transactions under 10k 低於10,000美金之現金交易	Identify cash transactions just below the $10,000 threshold by customer 辨別當天現金交易低於10,000門檻之集團。
22	Transaction above threshold 交易高於門檻值	Identify any large value deposit transactions which exceed or are only slightly below a specified threshold 辨別大額交易，超出或僅低於門檻值一點。
23	Large overseas payments 大額海外支付	Identify customers who are making large transactions to/from overseas 辨別顧客有大額海外交易來往之情形。

44

ACL AML(洗錢防制)
電腦稽核建議項目:71項

序號	查核項目	說明
24	Transactions from blacklisted accounts 黑名單交易	Identify transactions or account details that corresponds to the internal blacklist for terrorist holding countries 辨別交易或帳戶明細，對應到內部黑名單或恐怖組織國家。
25	Account detail matching terrorist list 帳戶明細對應恐怖份子名單	Identify any account holder details which match a terrorist listing 辨別帳戶帳款明細交易，對應到恐怖份子資料。
26	Goods from classified sources / countries 來自列管國家之貨物	Identify goods being imported from classified sources and/or countries 辨別商品來源來自特定的管道或列管的國家。

ACL AML(洗錢防制)
電腦稽核建議項目:71項

序號	查核項目	說明
27	Transactions with high risk countries 高風險國家交易	Identify and assess transactions with high risk countries by country code or name 辨別及評估交易來自高風險的國家、城市或姓名。
28	Transactions from classified country 非合作國家交易查核	Identify transactions or account details that correspond with countries on a classified list (NCCT by FATF) 辨別交易或帳戶明細對應到反洗錢分類清單上。(非合作國家)
29	Temporary credit limit increases with purchases in classified countries 採購列管國家之臨時卡額度增加	Identify customers who requested a temporary credit limit increase for purchases in classified countries (NCCT by FATF) 辨別顧客要求提高臨時卡信用額度，在列管國家採購。(非合作國家)

ACL AML(洗錢防制)
電腦稽核建議項目:71項

序號	查核項目	說明
30	Sanctioned accounts 受制裁帳戶	Identify any account holders who are also on a sanction list (OFAC's SDN list, SAM list, etc.) 辨別帳戶屬列管之受制裁清單(如OFAC's SDN list, SAM list, HHS's LEIE list, etc.)
31	Sanctioned employees 受制裁員工	Identify any employees who are also on a sanction list (OFAC's SDN list, SAM list, HHS's LEIE list, etc.) 辨別員工屬列管之受制裁清單(如OFAC's SDN list, SAM list, HHS's LEIE list, etc.)
32	Sanctioned customers 受制裁顧客	Identify any customers who are also on a sanction list (OFAC's SDN list, SAM list, HHS's LEIE list, etc.) 辨別顧客屬列管之受制裁清單(如OFAC's SDN list, SAM list, HHS's LEIE list, etc.)
33	Sanctioned vendors 受制裁供應商	Identify any vendors who are also on a sanction list (OFAC's SDN list, SAM list, etc.) 辨別供應商屬列管之受制裁清單(如OFAC's SDN list, SAM list, HHS's LEIE list, etc.)

47

ACL AML(洗錢防制)
電腦稽核建議項目:71項

序號	查核項目	說明
34	Split transactions exceed AML threshold 拆散交易超逾防制洗錢門檻	Identify split transactions which exceed the AML threshold 辨別拆散交易合計數，超逾防制洗錢門檻值。
35	Abnormal cash deposit 異常現金存款	Identify all abnormal cash deposits 辨別所有現金異常存款。
36	Premature withdrawals from FD (Fixed/Term Deposit) 過早提領的定存	Identify Fixed/Term Deposits (FD) that are uplifted or transferred before maturity 辨別定期存款在到期前被提出或轉移。

ACL AML(洗錢防制)
電腦稽核建議項目:71項

序號	查核項目	說明
37	Accounts with different addresses 帳戶相異地址	Identify accounts with different addresses 辨別相同帳戶不同地址。
38	Many individuals depositing into same account 多人存款到同一帳戶	Identify accounts with deposit payments from multiple individuals 辨別多人使用存款支付到同一帳戶。
39	Joint account holders 共同帳戶持有人	Identify joint accounts where transactions are solely done by the joint account holder (and not the principal account holder) 辨別共同帳戶交易僅由單方帳戶持有人使用(且非主要帳戶持有人)
40	Low average account balances 低於平均帳戶之餘額	List accounts where the most balances are withdrawn and only minimal amount is retained as the balance 列出帳戶多數餘額被提領,只有保留小量餘額在該帳戶內。

ACL AML(洗錢防制)
電腦稽核建議項目:71項

序號	查核項目	說明
41	Goods transacted not in accordance with nature of business 商品交易不符合業務性質	Identify trade finance customers who are importing goods that are not consistent with their nature of business 辨別金融交易顧客,進口商品與其業務性質並非一致之情形。
42	Transactions inconsistent with income status 交易與收入狀況不符合	Identify any inconsistencies with customer income statuses 辨別顧客交易與收入狀況不一致之情形。
43	Share holdings inconsistent with financial standing 持股與財務狀況不符	Assess whether share holdings make sense with the individual's financial standing 評估個人財務狀況與持股比例之合理性。

ACL AML(洗錢防制)
電腦稽核建議項目:71項

序號	查核項目	說明
44	Unusual settlement of securities purchases 證券購買異常情況	Identify unusual instances of securities purchasing (such as high frequency, large amounts, etc.) 辨別證券購買之異常情形(如：高頻率,大額,其他等)。
45	Unusual buying and selling of securities 異常之買賣證券	Analyze trending of customer habits in buying and selling securities to identify abnormal transactions 分析顧客買賣證券之偏好，分辨異常交易。
46	Patrons misusing financial services 顧客濫用金融服務	Identify any patrons using the cage for banking-like financial services 顧客使用籌碼進行銀行業的金融服務。
47	Identification of exempt customers 識別顧客項目除去	Identify any accounts who should not be a part of the Exemption List 辨別任何帳戶，其不應該在例外清單中。

ACL AML(洗錢防制)
電腦稽核建議項目:71項

序號	查核項目	說明
48	Large cumulative telegraphic transfers 大量累計電文匯款	Identify large cumulative telegraphic transfers (TT) that are consolidated within certain dates for threshold review 辨別大量的電文匯款交易，在特定期間合併，以通過門檻審核。
49	Large quantities of bill exchanges for higher denomination 高面額且大量的現金交換	Identify customers who are requesting to change large quantities of lower denomination bills for higher denominations 辨別顧客要求以大量低面額的金額交換高面額的紙鈔。
50	Frequent exchange of cash (local currency) into other currencies 頻繁的使用現金(本幣)購買外幣	Identify customers who are frequently requesting to exchange currency 辨別顧客有相當頻繁之本幣兌換外幣情形。

ACL AML(洗錢防制)
電腦稽核建議項目:71項

序號	查核項目	說明
51	Personal credit card facilities for business settlement 用於公司結算之個人信用卡	Identify any personal credit cards being used to purchase for business related activities 辨別個人信用卡是用在公司相關活動之採購。
52	Cash deposit / withdrawal transactions by companies 公司現金存提款交易	Identify corporate customers who are performing higher than usual frequency of cash transactions 辨別公司戶進行相當高且頻繁之現金交易。
53	Deposit with counterfeit notes or forged instruments 偽鈔存款或偽造文書	Identify customers who deposit counterfeit notes 辨別客戶存入偽鈔之情形。

ACL AML(洗錢防制)
電腦稽核建議項目:71項

序號	查核項目	說明
54	Mortgage of asset held by third party with no track record 第三方資產抵押無可追蹤記錄	Identify any mortgages of assets held by 3rd parties with no track record 辨別由第三方抵押之資產，無相關紀錄。
55	Unclear property financing 來源不清的產權融資	Mortgaged fixed assets with limited or missing details. 固定資產抵押借款其來源細節有限或遺失。
56	Under-secured credit 低於擔保信用	Identify any large value secured credit transactions that exceed or are only slightly below the threshold 辨別任何擔保信用交易，其超過或僅低於門檻一點之交易。

ACL AML(洗錢防制)
電腦稽核建議項目:71項

序號	查核項目	說明
57	Substantial increase in cash deposit, subsequently transferred within short term 帳戶現金存款大量增加且短期內轉出	Identify any substantial increases in cash deposits, followed by a subsequent transfer to other accounts 辨別特定帳戶現金存款大量增加，且在短期內轉出至其他帳戶。
58	Large deposit made via other instruments 來至特殊手段之大額存款	Identify accounts that exceed transactions above the AML threshold level which may be done using several channels (such as internet banking, ATM deposit, etc.) 辨別帳戶使用特殊的管道(如網路銀行、ATM)，以超過防制洗錢門檻規定以上之金額。
59	Account with high credit balances 高信用餘額帳戶	Identify credit card accounts with credit balances greater than a specified threshold 辨別信用卡帳戶之信用餘額高於特定門檻。

ACL AML(洗錢防制)
電腦稽核建議項目:71項

序號	查核項目	說明
60	Rebating: Agent checks 回扣：代理商檢查	Identify agents who are frequently submitting checks for their own clients' premiums 檢視代理商頻繁的為其顧客提交保險費用。
61	Close loop transfers 閉環銀行轉帳	Identify money that is being transferred in and out from the same account frequently 辨別交易明細內，有金額頻繁的轉入相同帳號之情形。
62	Generate X Random Working Days 產生隨機的工作天	利用腳本(Script)一份產生隨機工作天之清單。

ACL AML(洗錢防制)
電腦稽核建議項目:71項

序號	查核項目	說明
63	Incomplete or invalid SARC 缺漏或無效之賭場可疑交易報告	Identify SARC filings that have missing or invalid information 檢視填寫資料遺失或無效之賭場可疑交易報告。
64	Incomplete or invalid CTRC 缺漏或無效之賭場現金交易報告	Identify CTRC filings that have missing or invalid information 檢視填寫資料遺失或無效之賭場現金交易報告。
65	CTRC filed late 逾期填寫之賭場現金交易報告	Identify any CTRCs that were filed late 檢視賭場現金交易報告資料有逾期填寫之情形。
66	SARC filed late 逾期填寫之賭場可疑交易報告	Identify any SARCs that were filed late檢視賭場可疑交易報告資料有逾期填寫之情形。

ACL AML(洗錢防制)
電腦稽核建議項目:71項

序號	查核項目	說明
67	Unfiled CTRC 未歸檔之賭場現金交易報告	Identify any transactions over $10,000 that do not have a CTRC filed (including aggregated transactions)檢視超過10,000元之交易，但沒有申報賭場現金交易報告(含彙總交易)。
68	Patron avoiding CTRC 顧客規避填寫賭場現金交易報告	Identify patrons who are actively avoiding filing at CTRC 檢視顧客積極的迴避填寫相關之賭場現金交易報告。
69	CTRC file inconsistencies 賭場現金交易報告訊息不一致	Identify patrons who have completed different CTRCs which contain conflicting information檢視顧客填寫之賭場現金交易報告，包含矛盾的訊息。

ACL AML(洗錢防制)
電腦稽核建議項目:71項

序號	查核項目	說明
70	Travel rule: Wire transfer exceptions 旅遊規劃：例外電匯	Ensure compliance with BSA's Travel Rule for wire transfers 確保遵循銀行保密法之旅遊規畫電文匯款。
71	Travel rule: ACH exceptions 旅行規則：例外自動轉帳	Ensure compliance with BSA's Travel Rule for IAT transactions 確保遵循銀行保密法之自動轉帳旅遊規則。

如何使用ACL完成專案

➢ ACL可以從頭到尾管理你的資料分析專案。

➢ 專案規劃方法採用六個階段：

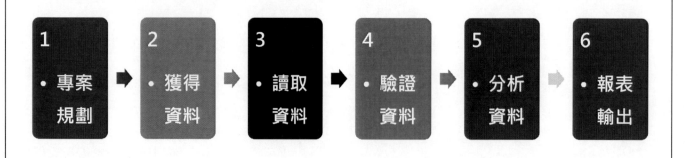

ACL指令實習
─JOIN與 Relate Tables

在ACL系統中，提供使用者可以運用**比對**(Join)、**勾稽**(Relations)、和**合併**(Merge)......等指令"，可結合兩個或兩個以上的資料檔案，並成第三個檔案進行資料查核分析。

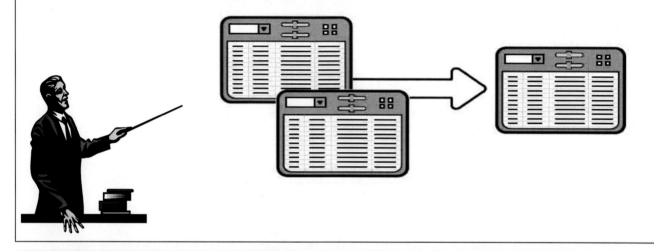

61

可同時使用多個資料表進行分析:

▪ Join指令: 比對

– 比對『兩個排序』檔案的欄位成為第三個檔案。

▪ Relations指令: 勾稽

– 『兩個或更多個檔案』間建立關聯，大部分功能可以用勾稽指令來執行且速度更快與更容易。

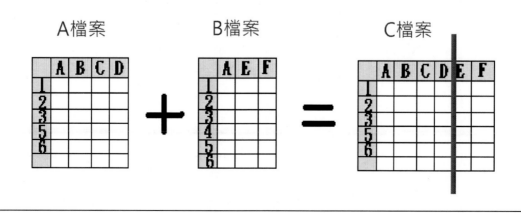

62

Join(比對)指令使用五大步驟：

1. 要比對檔案資料須屬於同一個ACL專案中。

2. 兩個檔案中需有共同特徵欄位/鍵值欄位(例如：員工編號、身份證號)。

3. 特徵欄位中的資料型態、長度需要一致。

4. 執行比對時須先將次要檔案進行排序。

5. 選擇Join類別：

  A. Matched Primary Records
   a. Include All Primary Records
   b. Include All Secondary Records

  B. Unmatched Primary Records

  C. Many-to-Many Matched Records

Join指令操作畫面:

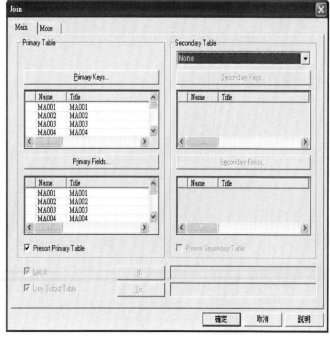
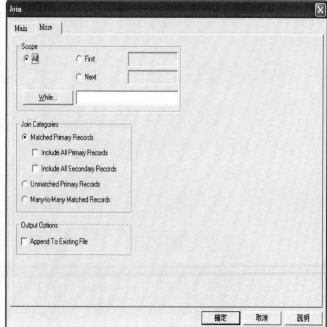

Join(比對)指令_類別介紹:

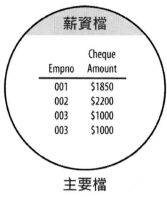

薪資檔

Empno	Cheque Amount
001	$1850
002	$2200
003	$1000
003	$1000

主要檔

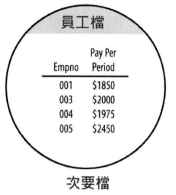

員工檔

Empno	Pay Per Period
001	$1850
003	$2000
004	$1975
005	$2450

次要檔

Unmatched

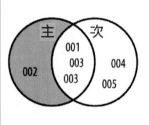

輸出檔

Empno	Cheque Amount
002	$2200

Matched

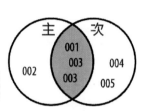

輸出檔

Empno	Cheque Amount	Pay Per Period
001	$1850	$1850
003	$1000	$2000
003	$1000	$2000

65

Join(比對)指令_類別介紹:

薪資檔

Empno	Cheque Amount
001	$1850
002	$2200
003	$1000
003	$1000

主要檔

員工檔

Empno	Pay Per Period
001	$1850
003	$2000
004	$1975
005	$2450

次要檔

Matched, Include All Secondary

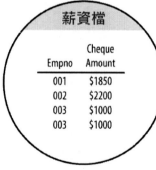

輸出檔

Empno	Cheque Amount	Pay Per Period
001	$1850	$1850
003	$1000	$2000
003	$1000	$2000
004	$0	$1975
005	$0	$2450

Matched, Include All Primary

輸出檔

Empno	Cheque Amount	Pay Per Period
001	$1850	$1850
002	$2200	$0
003	$1000	$2000
003	$1000	$2000

66

ACL指令說明─MATCH( )

在ACL系統中，若需要比對資料值是否相符，便可使用MATCH( )指令完成，允許查核人員快速的於大量資料中，比對找出符合所需的資料值的記錄，故可應用於如找出非授權人員異動的資料記錄。

洗錢的危險信號／紅旗(Red Flag)

- 在很多情況下，舞弊往往存在**徵兆**或者可說成 "**危險信號／紅旗 (Red Flag)**"

  – 就有如任何恐怖攻擊行動前，一定會出現一些極為明顯的行為或跡象，在恐怖份子特徵分析裡，這些行為與跡象也就是隨著情勢逐漸明朗後，所有必然和可能的現象，因此是辨識恐怖攻擊的重要線索。

- **識別潛在違反AML的危險訊號**

  – **瞭解洗錢跡象與手法的線索**

    例如：交易的帳戶中是否有包含在被監控的PEP或OFAC名單。

  – 進行資料分析，查明出現任何洗錢的跡象或危險信號的可疑處，以進一步執行後續仔細調查。

ACL指令說明—Fuzzy Duplicates

在ACL系統中，以Levenshtein Distance(字符串相似度或稱最大編輯距離)算法，提供模糊重複的功能，允許使用者比對不同來源的資料，不需要對欄位先進行排序即可進行測試，並可辨識出幾乎重複的資料記錄。

模糊重複是指不同的字串之間擁有相同的特徵。因此運用模糊重複功能，可得知同一張表單中的欄位有多少模糊重複的程度，也可得知不同來源的資料，有無模糊重複的特徵。

ACL指令說明—Fuzzy Duplicate範例

一般模糊重複的情況發生的原因，可能是因為人為輸入的錯誤，例如拼字錯誤、不同資料格式的方法。因此，這種人為蓄意創造出相同類似的字串，其一致性的表達方式，卻也可能代表一種舞弊欺詐的行為，故可應用於查核如廠商名稱輸入錯誤或故意偽造的問題。

模糊比對之字符串相似度算法範例

將正中大學校與中正大學二文字進行相似度比較，其編輯操作包含以下三項：	檢核結果
1　正中大學校：→ 中中大學校 （替換：正→中）	編輯距離等於3。 Levenshtein 將定義二文字間的相似度公式為： 相似度＝1 －（Levenshtein Distance / Math.Max（str1.length,str2.length））。
2　中中大學校：→ 中正大學校 （替換：中→正）	因此，以上述例字為例，其相似度為： 1－（3 / MAX（5,4））＝1－（3 / 5）＝0.4。
3　中正大學校：→ 中正大學 （刪除：校）	

引用來源：最新文字探勘技術於稽核上的應用(會研月刊，323期)

Fuzzy Duplicate 指令操作畫面

ACL系統提供二個彈性可以調整的變數，讓稽核人員可以容易使用模糊重複功能：

1. **差異門檻值(Different Threshold)**: 模糊比對過程中所允許的最大編輯距離(Levenshtein Distance)。

2. **差異度(Difference Percentage)**: 模糊比對過程中所允許的差異度(為相似度的反向)，ACL採用二字串的差異度公式為如下

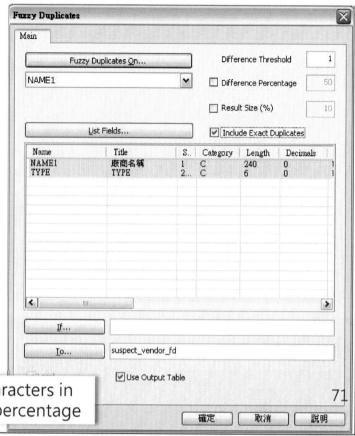

Levenshtein Distance / number of characters in the shorter value × 100 = difference percentage

71

專案規劃

查核項目	高風險疑似洗錢專案查核	存放檔名	黑名單查核
查核目標	針對國際「洗錢防制暨反資恐」相關規定，進行法令遵循專案查核。		
查核說明	比對帳戶基本資料檔與匯款交易明細檔相關資料，檢查是否有與美國OFAC監管與裁制名單(SDN)相符之情況，針對可疑高風險帳戶或交易對象進行深入查核，以確保洗錢相關法令的遵循控制機制是否有效。		
查核程式	1. **高風險疑似洗錢帳戶**：將帳戶基本資料，**勾稽比對OFAC的**SDN制裁警示名單，將相符者列為AML高風險帳戶，以利後續深入查核。 2. **高風險疑似洗錢交易對象**：將匯款交易明細檔之匯款受款人，運用**紅旗警訊查核方式**，將與OFAC的SDN制裁警示名單相似者，列出為AML高風險帳戶，以利後續深入查核。		
資料檔案	帳戶基本資料檔、匯款交易明細檔、OFAC的SDN制裁名單		
所需欄位	請詳後附件明細表		

72

獲得資料

- 稽核部門可以寄發稽核通知單，通知受查單位準備之資料及格式。

- 檔案資料(內部)：
  - ☑ 帳戶基本資料檔(內部)
  - ☑ 匯款交易明細檔(內部)
  - ☑ 黑名單(外部)

稽核通知單		
受文者	傑克國際商業銀行　　　　資訊室	
主旨	針對國際「洗錢防制暨反資恐」相關規定，進行法令遵循專案查核，請 貴單位提供相關檔案資料以利查核工作之進行。所需資訊如下說明。	
說明		
一、	本單位擬於民國XX年XX月XX日開始進行為期X天之例行性查核，為使查核工作順利進行，謹請在XX月XX日前 惠予提供XXXX年XX月XX日至XXXX年XX月XX日之相關明細檔案資料，如附件	
二、	依年度稽核計畫辦理。	
三、	後附資料之提供，若擷取時有任何不甚明瞭之處敬祈隨時與稽核人員聯絡。	
請提供檔案明細：		
一、	帳戶基本資料檔與存款交易明細檔，請提供包含欄位名稱且以逗號分隔的文字檔，並提供相關檔案格式說明(請詳附件)	
稽核人員：Cindy		稽核主管：Vivian

73

反恐洗錢常用的雲端OPEN DATA

- 全球貪腐印象指數
  (CORRUPTION PERCEPTIONS INDEX)

- OFAC監管與裁制名單(SDN)

- 政治公眾人物名單 (PEP)

- 政府採購系統監管與裁制名單(SAM List)

- 衛生服務部門監管與裁制名單(OIG LEIE)

- 政府採購網拒絕往來名單

- ………………

匯款交易明細檔

長度	欄位名稱	意義	型態	備註
11	ACCT_KEY	帳戶編號	C	
3	CUR_CD	幣別	C	
10	CYC_DT	交易日期	D	YYYY-MM-DD
6	TXN_TIME	交易時間	C	
7	DB_CR	借貸	C	CREDIT / DEBIT
6	TXN_CODE	交易代號	C	
4	TXN_NAME	交易說明	C	
6	TX_AMT	交易金額	N	
128	benefi	受款人	C	

※ 資料筆數： 397,905

帳戶基本資料

長度	欄位名稱	意義	型態	備註
11	ACCT_KRY	帳戶編號	C	
10	IDNO	身分證字號	C	
128	Acc_Name	戶名	C	
57	Address	地址	C	
3	Emp_Approvd	承辦人員	C	
8	PassWord	密碼	C	
8	Telephone	聯絡電話	C	

※ 資料筆數：211,914

OFAC的SDN制裁名單檔 (SDN)

長度	欄位名稱	意義	型態	備註
128	Sdn_name	管制對象名稱	C	

- C：表示字串　D：表示日期　N：表示數值

※ 資料筆數：5,217

上機演練一:洗錢防制與反資恐雲端
OPEN DATA匯入--以美國SDN為例
~手動匯入OFAC SDN 資料

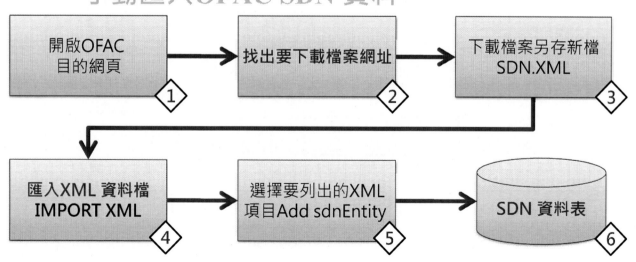

遵循AML可用的監管與裁制名單
一 特列指定國家和個人制裁名單(SDN)

- **特列指定國家和個人制裁名單(Specially Designated Nationals, SDN)**
  - 由美國財政部海外資產控制辦公室(Office of Foreign Asset Control, OFAC) 所公佈制裁之黑名單。

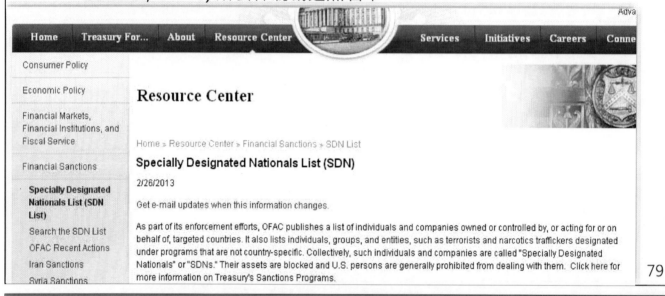

OFAC監管與裁制名單(SDN)

- SDN(Specially Designated Nationals, SDN)
  - 由美國財政部海外資產控制辦公室(Office of Foreign Asset Control, OFAC) 所公佈制裁之黑名單。

...lly Designated Nationals List - formatted for information processing

	Description
S	XML version of the SDN list that conforms to the advanced data standard developed by the UN 1267/1988 Security Council Committee
SDALL.ZIP	Contains 46 files in a ZIP archive (archive includes CSV, @ sign delimited, fixed-width delimited XML versions of the SDN list)
SDN.XML	XML version of the SDN list
SDN.DEL	@ sign delimited primary SDN names
ADD.DEL	@ sign delimited SDN addresses (links to SDN.DEL and ALT.DEL)
ALT.DEL	@ sign delimited alternate (aka) names (links to ADD.DEL and SDN.DEL)
SDN_COMMENTS.DEL	@ sign delimited "spill over" files containing remarks data that exceeds the 1000 character limit in the SDN.DEL file.
SDN.FF	fixed-width primary SDN names
ADD.FF	fixed-width SDN addresses (links to SDN.FF and ALT.FF)
ALT.FF	fixed-width alternate (aka) names (links to ADD.FF and SDN.FF)
SDN_COMMENTS.FF	fixed-width "spill over" files containing remarks data that exceeds the 1000 character limit in the SDN.FF file.
SDN.CSV	comma delimited primary SDN names
ADD.CSV	comma delimited SDN addresses (links to SDN.CSV and ALT.CSV)

資料來源：https://www.treasury.gov/ofac/downloads/sdn.xml

OFAC監管與裁制名單SDN.xml開啟

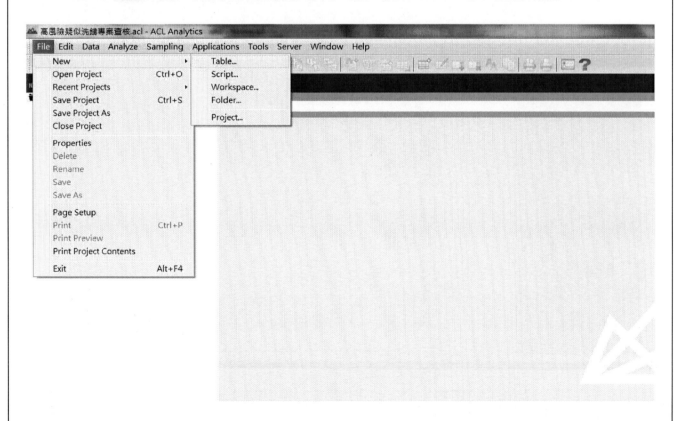

81

OFAC監管與裁制名單SDN手動匯入

82

OFAC監管與裁制名單SDN手動匯入

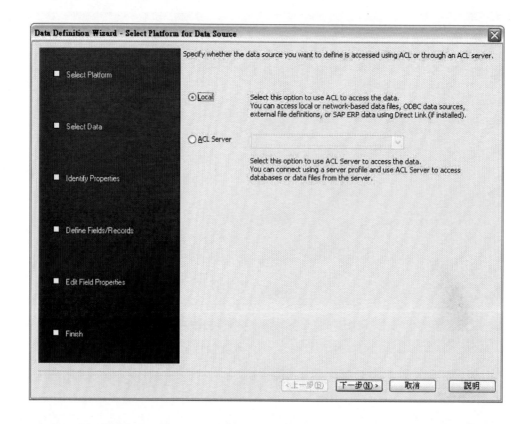

OFAC監管與裁制名單SDN手動匯入

OFAC監管與裁制名單SDN手動匯入

Xml檔案使用拖曳方式匯入

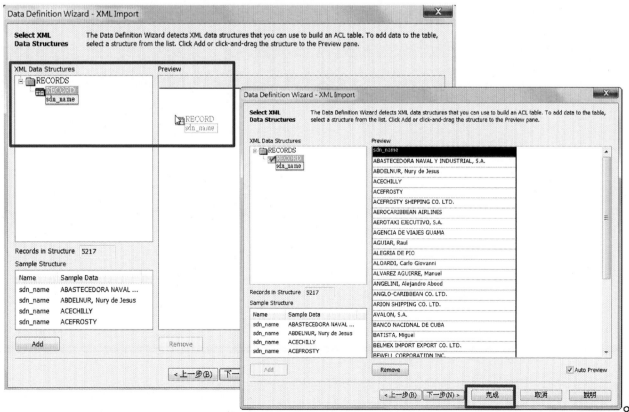

OFAC監管與裁制名單SDN手動匯入

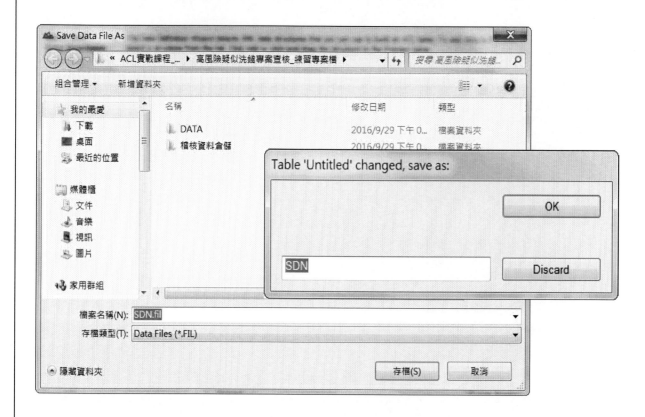

OFAC監管與裁制名單SDN

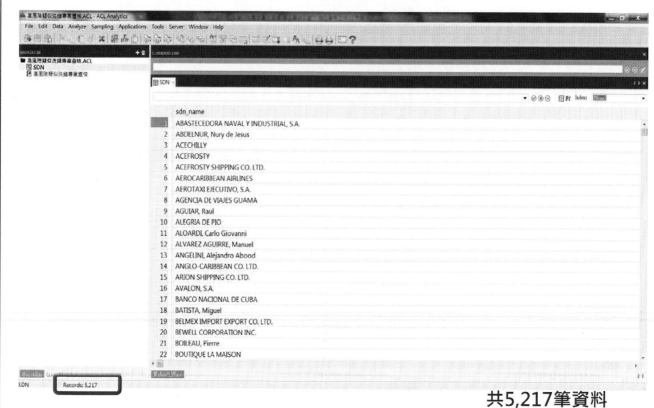

共5,217筆資料

上機演練二: 使用稽核資料倉儲
取得內部帳戶與交易資料

於Project Navigator下按右鍵,點選Copy from Another Project
→ Table

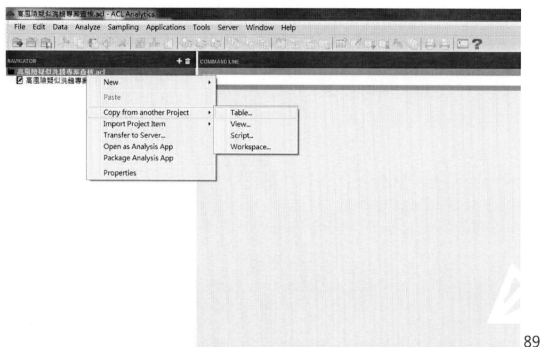

選取資料來源的專案檔路徑

在Import匯入視窗下，同時選取所需資料表後,點擊OK, 完成匯入新資料表格式

點選各資料表，按右鍵，選取
Link to New Source Data (連結至新來源資料檔)

高風險疑似洗錢專案查核.ACL - ACL Analytics

File　Edit　Data　Analyze　Sampling　Applications　Tools　Server　Window　Help

NAVIGATOR

高風險疑似洗錢專案查核.ACL
- SDN
- 高風險疑似洗錢專案查核
- 帳戶基本資料檔
- 匯款交易明細檔

COMMAND LINE

Open
Open as Secondary
Close Table
Open as Analysis App

Cut
Copy
Delete
Rename

Refresh from Source
Link to New Source Data
Export Project Item...
Properties

選取存放資料來源專案檔資料夾下的各.fil 資料表作為來源資料檔

完成各個資料表的資料表格式與來源資料檔的連結--帳戶基本資料檔

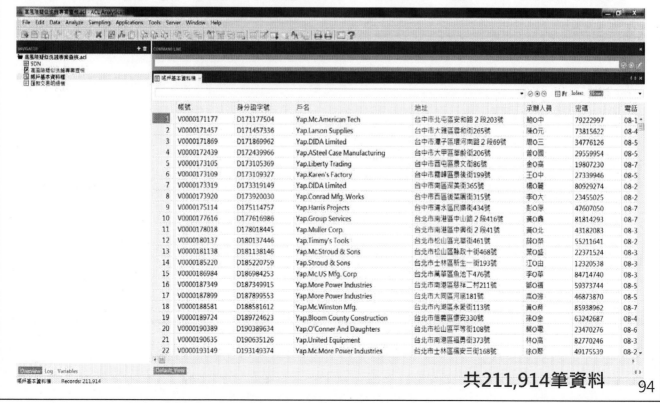

共211,914筆資料

選取存放資料來源專案檔資料夾下的各.fil 資料表作為來源資料檔

完成各個資料表的資料表格式
與來源資料檔的連結-匯款交易明細檔

共397,905筆資料

上機演練三:AML高風險疑似洗錢帳戶查核 (勾稽比對查核)

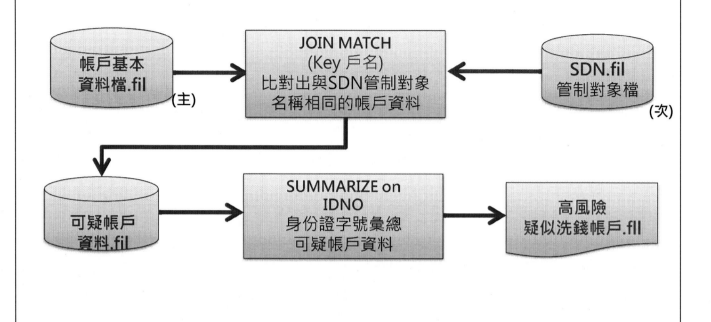

97

分析資料 – Join

- 開啟"帳戶基本資料檔"
- Data→Join Table
- Secondary Table選取 "SDN"
- 存款交易明細檔以"戶名"(帳戶基本資料檔.Acc_Name)
- 而SDN而以"sdn_name"為關聯鍵
- 勾選主表中所有欄位
- 勾選次表所有欄位
- 輸入檔名為 "**可疑帳戶資料**"

98

分析資料 – Join

- 點選More頁籤
- Join Categories 選擇Matched Primary Records
- 點擊「確定」

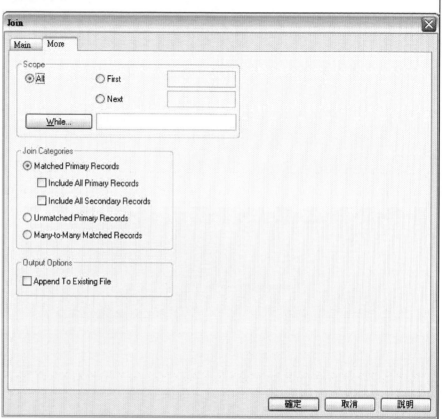

分析資料 – Join結果畫面

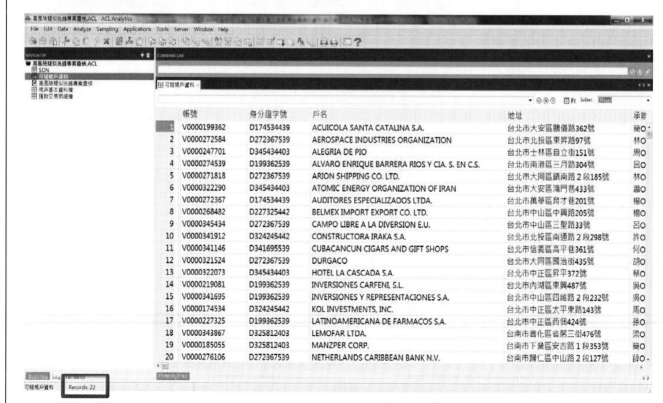

共22筆可疑帳戶資料

分析資料 – Summarize

- 開啟"可疑帳戶資料"
- 點擊 Analyze→Summarize
- 依據"身分證字號"進行 彙總
- 加總欄位不選擇
- 其他欄位選擇所有欄位
- Output選擇File，輸出 檔名為"高風險疑似洗 錢帳戶"
- 點選"確定"完成

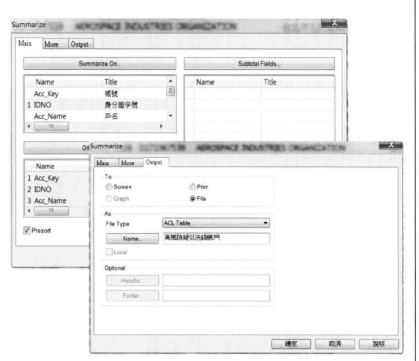

101

分析資料 – Summarize結果

共8筆高風險疑似洗錢帳戶

102

上機演練四:AML高風險疑似洗錢交易資料查核
(紅旗警訊Red Flag查核)

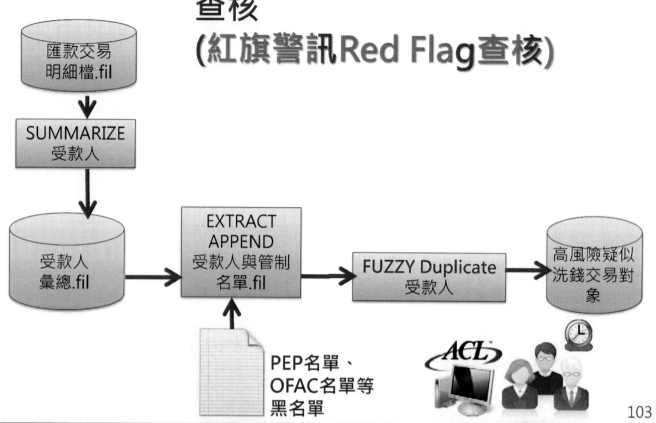

PEP名單、
OFAC名單等
黑名單

分析資料 – Summarize

- 開啟"**匯款交易明細檔**"
- 點擊 Analyze→Summarize
- 依據"匯款受款人"進行彙總
- 加總欄位不選擇
- 其他欄位不選擇
- Output選擇File，輸出檔名為"**受款人彙總**"
- 點選"確定"完成

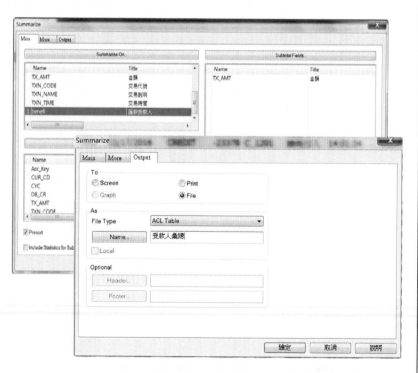

分析資料 – Summarize結果

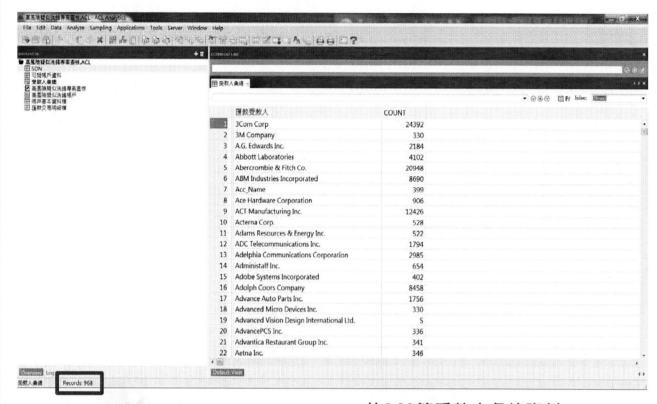

共968筆受款人彙總資料

分析資料 – Extract

- 開啟"受款人彙總"資料
- Data→Extract Data
- 選擇Fields,點選 Extract Fields
- 選擇列出匯款受款人
- 點選Expression按鈕

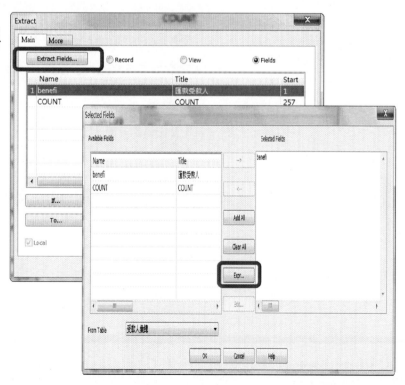

分析資料 – Extract與計算欄位

- 在Save As輸入欄位名稱TYPE
- 輸入Expression語法: "TY1"
- 輸入後點擊Verify驗證條件是否錯誤
- 完成驗證後，點擊「OK」
- 檔名為"受款人與管制清單"
- 點選"確定"完成

107

分析資料 – Extract結果

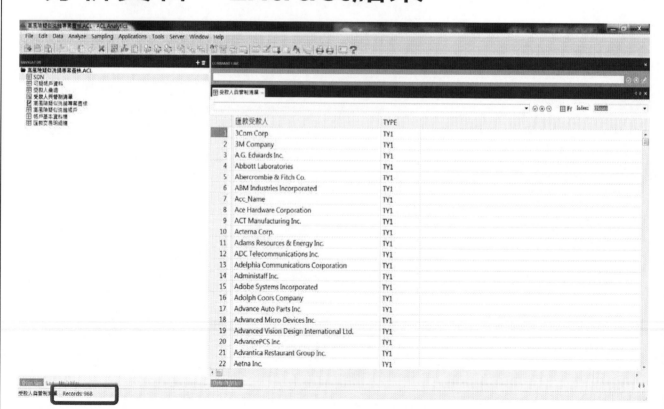

共968筆受款人資料

108

分析資料 – Extract/Append

- 開啟SDN
- Data→Extract Data
- 選擇Fields，點選 Extract Fields
- 選擇列出" sdn_name"
- 點選Expression按鈕

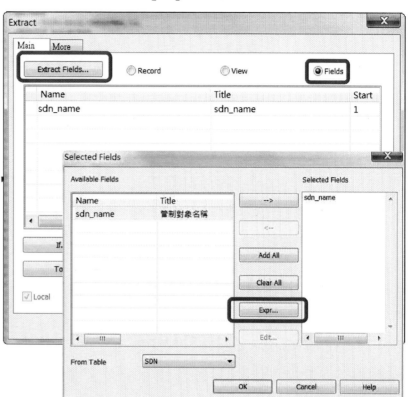

109

分析資料 – Extract/Append與計算欄位

- 在Save As輸入欄位 名稱TYPE
- 輸入Expression語 法: "RED"
- 輸入後點擊Verify驗 證條件是否錯誤
- 完成驗證後，點擊 「OK」
- 檔名為"受款人與管制 清單"
- 點擊More標籤
- 勾選Append To Existing Field
- 點選"確定"完成

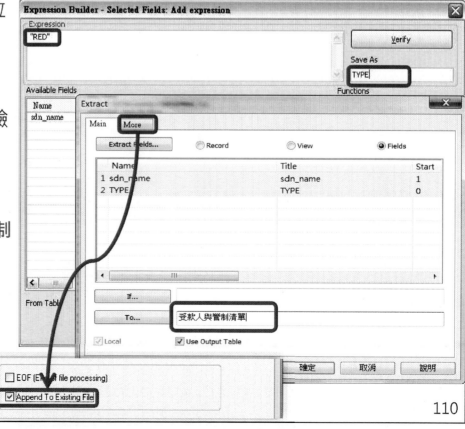

110

分析資料 – Extract/Append結果

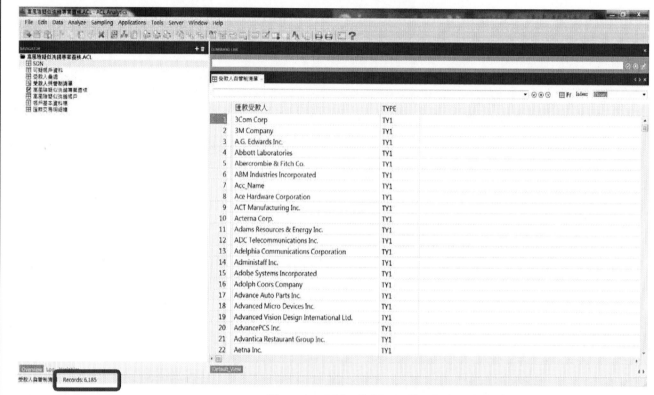

共6,185筆受款人與管制清單資料

分析資料 – Fuzzy Duplicate

- 開啟"受款人與管制清單資料"
- Analyze→Fuzzy Duplicate
- 依據受款人欄位進行模糊重複比對
- Difference Threshold 設定1 (表示差1字距)
- 勾選Include Exact Duplicates
- 列出所有欄位資訊
- 檔名為"高風險疑似洗錢交易對象"
- 點選「確定」

分析資料 – Fuzzy Duplicate結果

共16筆高風險疑似洗錢交易對象

上機演練五:雲端DATA匯入ACL

~自動匯入OFAC SDN 資料

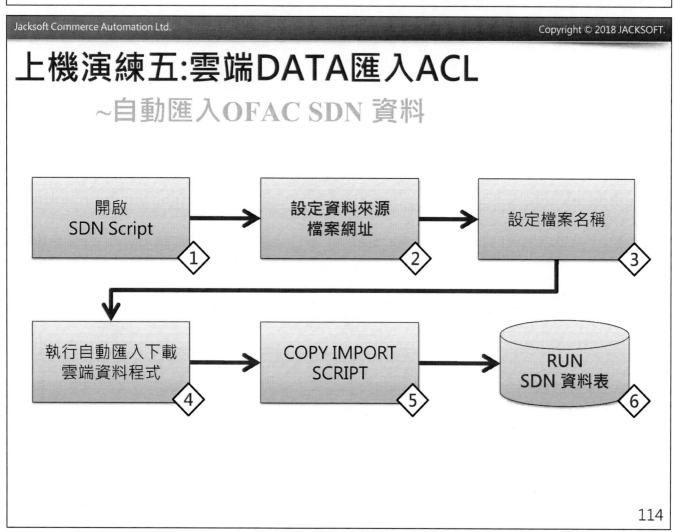

STEP1：設定相關資料

STEP 1: 設定檔案網址cRef =
https://www.treasury.gov/ofac/downloads/sdn.xml

STEP 2: 設定檔案名稱
cFile = "sdn.xml "

STEP 3: 開啟現有資料表格
OPEN 帳戶基本資料檔

STEP4: 執行 自動匯入下載雲端資料程式
DO Script Download_Web_Data

STEP2：COPY IMPORT SCRIPT

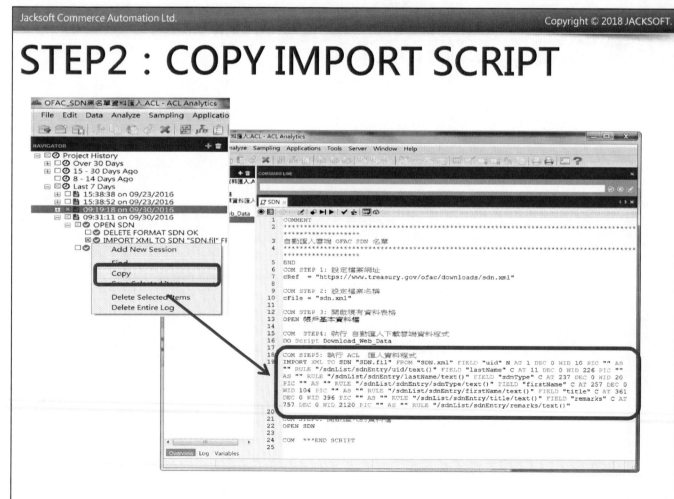

STEP3：RUN SCRIPT自動匯入結果

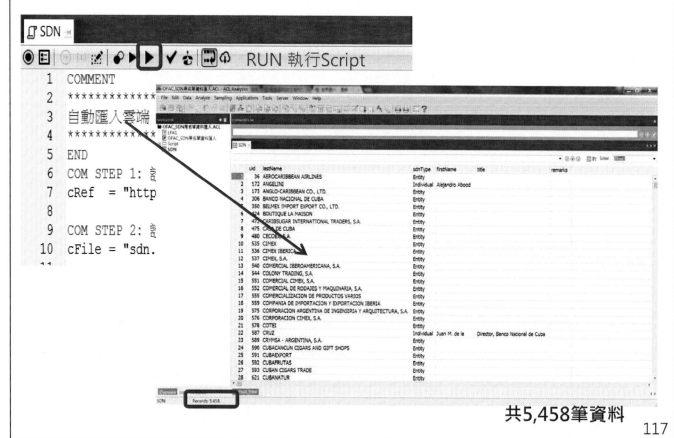

RUN 執行Script

共5,458筆資料

117

上機演練六:巴拿馬文件查核專案
(一)專案規劃

查核項目	高風險疑似洗錢專案查核	存放檔名	巴拿馬文件查核
查核目標	針對國際「洗錢防制暨反資恐」相關規定，進行法令遵循專案查核。		
查核說明	針對ICIJ釋出之巴拿馬文件，檢核是否有須深入追查之高風險交易。		
查核程式	1. **篩選台灣開戶清單**：依ICJC釋出之巴拿馬文件清單，篩選出屬於台灣之帳戶清單資料。 2. **篩選台灣關閉戶清單**：篩選2010至2011年，巴拿馬要求台灣清查之關閉戶清單。 3. **彙總關閉戶清單地址**：針對2010至2011年清查之關閉戶清單，依地址進行分析。 4. **比對匯款對象與關閉戶清單相符之高風險資料**：比對匯款對象與巴拿馬文件關閉戶清單，是否相符之高風險資料需要進行深入追查。		
資料檔案	巴拿馬清單_註冊公司(Entities.csv)、匯款交易明細檔		
所需欄位	請詳後附件明細表		

118

(二)獲取資料
https://offshoreleaks.icij.org/

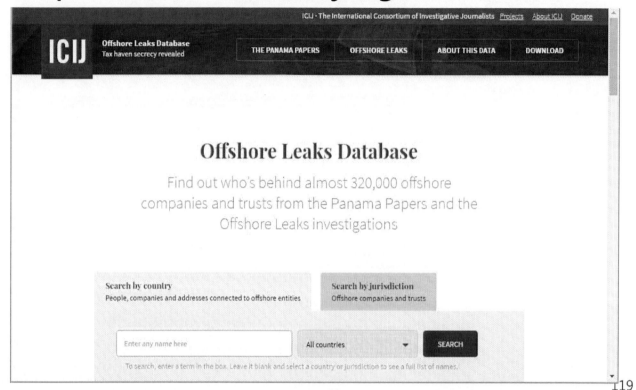

下載CSV 檔 data-csv.zip

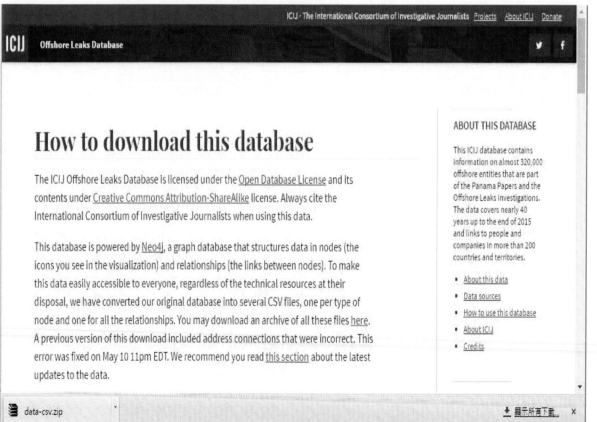

解壓縮檔

名稱	修改日期	類型	大小
Addresses.csv	2016/06/21 下午 ...	CSV 檔案	25,509 KB
all_edges.csv	2016/06/21 下午 ...	CSV 檔案	41,821 KB
Correction.txt	2016/06/21 下午 ...	文字文件	1 KB
Entities.csv	2016/06/21 下午 ...	CSV 檔案	104,016 KB
Intermediaries.csv	2016/06/21 下午 ...	CSV 檔案	3,547 KB
Officers.csv	2016/06/21 下午 ...	CSV 檔案	41,888 KB

121

（三）讀取資料

巴拿馬清單_註冊公司(Entities)

股東登記住址(Address)

資料關聯檔(all_edges)

仲介資料檔(Intermediaries)

股東資料檔(Officers)

122

讀取資料

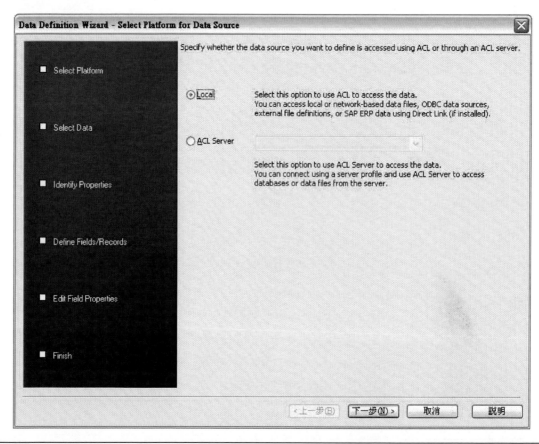

讀取資料

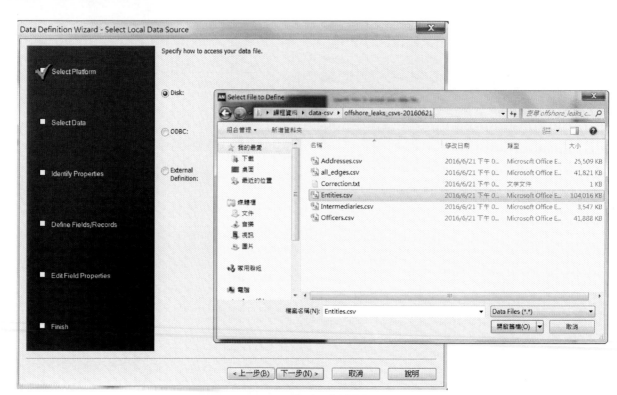

讀取資料

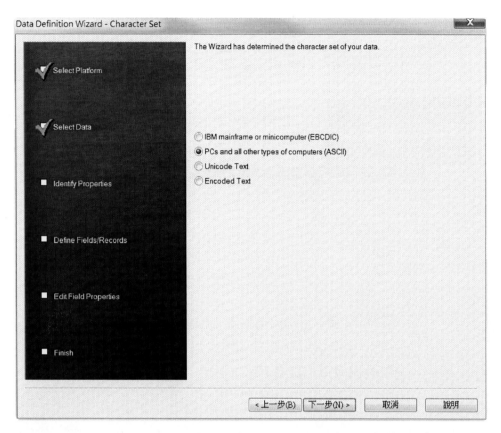

讀取資料

請選擇Delimited text file檔

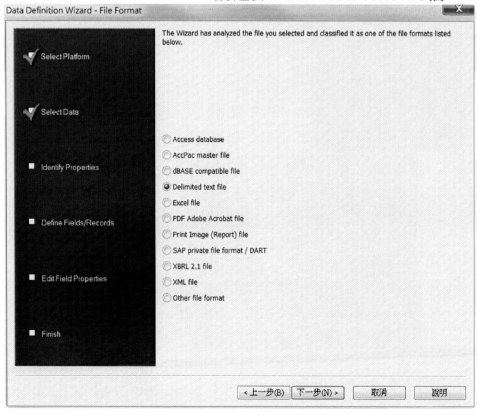

自動判別欄位資料

請勾選Use first row as field names

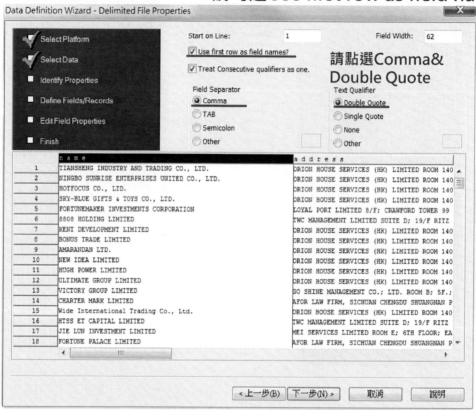

定義資料欄位

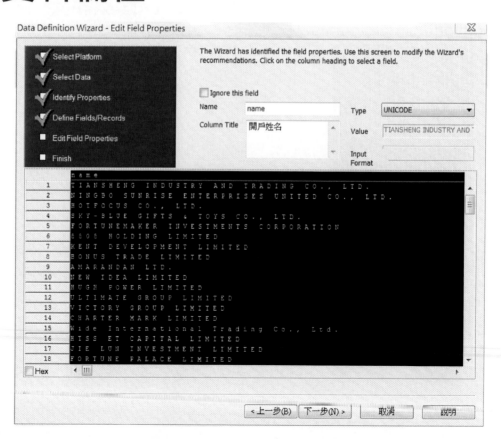

巴拿馬清單_註冊公司(Entities)

長度	欄位名稱	意義	型態	備註
66	name	姓名	C	
150	address	地址	C	
10	incorporation_date	開戶日期	D	MM/DD/YYYY
10	inactivation_date	銷戶日期	D	MM/DD/YYYY
30	status	帳戶狀態	C	
15	countries	國家	C	

- C：表示字串欄位　※資料筆數：319,413
- D：表示日期欄位

巴拿馬清單_註冊公司(Entities)

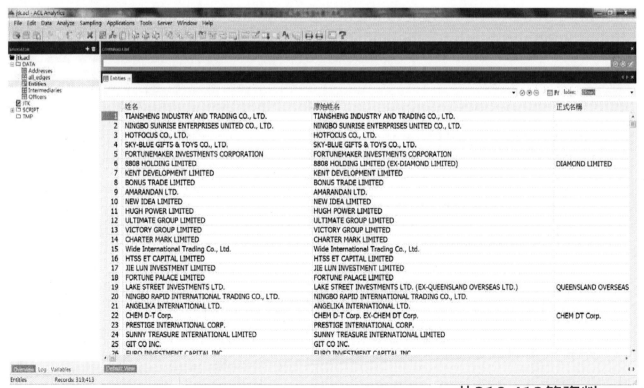

共319,413筆資料

股東登記住址(Address)

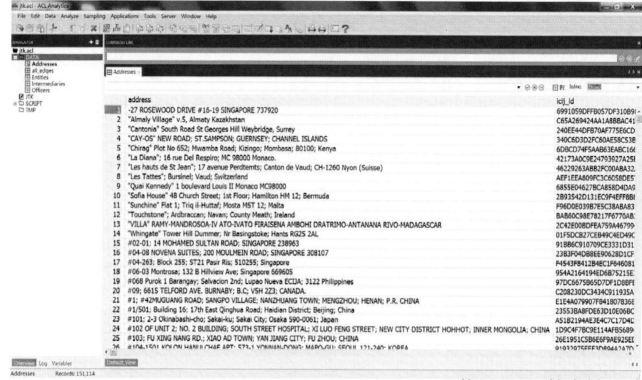

共151,114筆資料

資料關聯檔(all_edges)

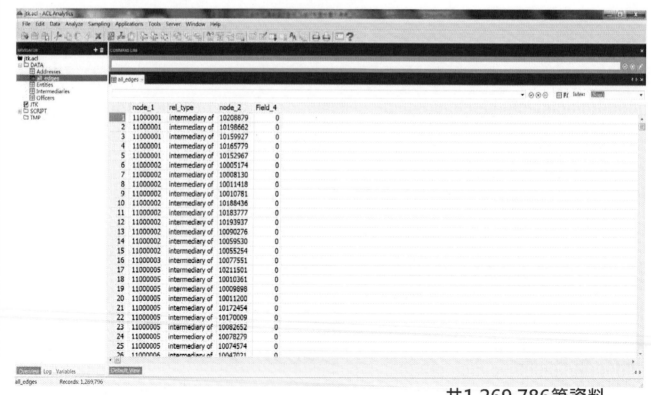

共1,269,786筆資料

仲介資料檔(Intermediaries)

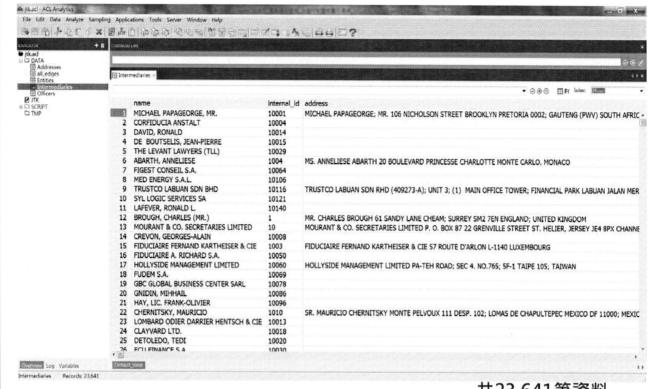

共23,641筆資料

股東資料檔(Officers)

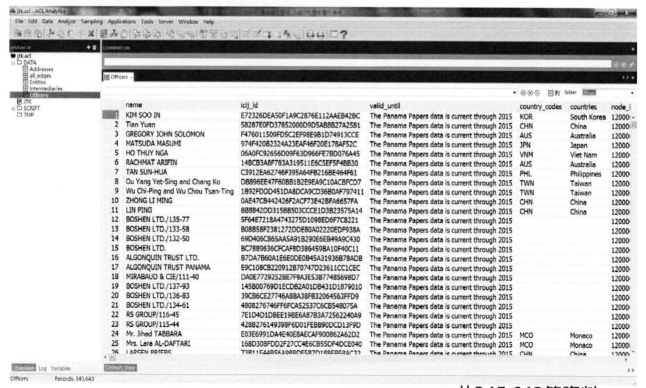

共345,643筆資料

步驟一:篩選巴拿馬文件中屬於台灣開戶之資料

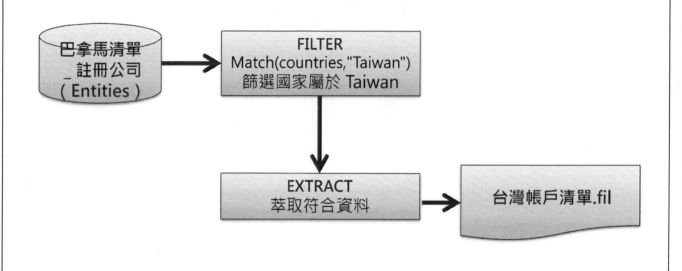

分析資料 – Filter

- 開啟"巴拿馬清單 _ 註冊公司"
- 點擊 🎯
- 輸入篩選條件
- 點選Verify驗證篩選條件是否正確
- 點選" OK" 完成

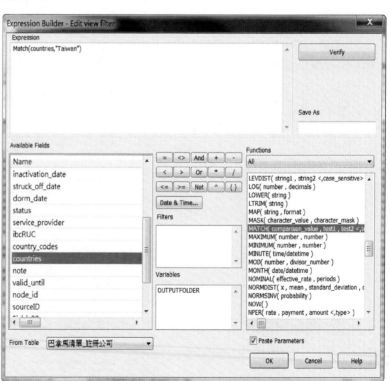

Match(countries,"Taiwan") ➞ 國家為台灣

分析資料 – Filter結果

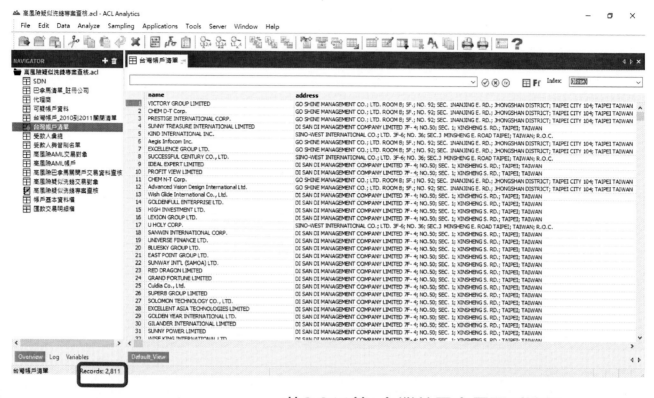

共2,811筆 台灣於巴拿馬開戶清單

分析資料 – Extract

- 在顯示篩選結果視窗
- Data→Extract Data
- 選擇Record，列出所有紀錄
- 檔名為"台灣帳戶清單"
- 點選"確定"完成

分析資料 – Extract結果

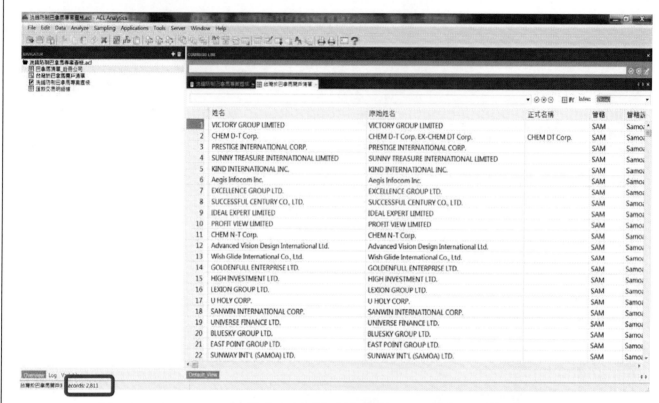

共2,811筆　台灣於巴拿馬開戶清單

步驟二:篩選台灣關閉戶清單:
2010-2011清查時關閉戶資料

```
台灣帳戶清單.fil  →  SET FILTER
                      Between(inactivation_date,
                      `20100101`,`20111231`)
                      篩選關閉日期在2010~2011間
                              ↓
                      EXTRACT
                      隔離Filter篩選     →  台灣關閉戶清單.fil
                      2010-2011關閉之
                      台灣資料
```

分析資料 – Filter

- 開啟"**台灣帳戶基本清單**"
- 點擊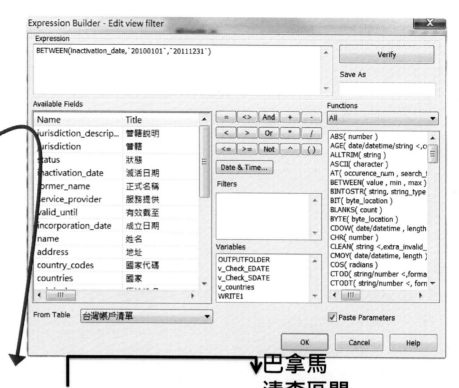
- 輸入**篩選條件**
- 點選Verify驗證篩選條件是否正確
- 點選" OK" 完成

巴拿馬清查區間

BETWEEN(inactivation_date,`20100101`,`20111231`)

分析資料 – Extract

- 在顯示篩選結果視窗
- Data→Extract Data
- 選擇Record，列出所有紀錄
- 檔名為"台灣關閉帳戶清單"
- 點選"確定"完成

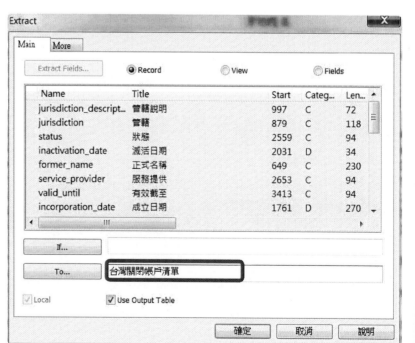

分析資料 – 查核結果

共107筆 於2010~2011關閉

143

步驟三:分析關閉戶地址, 找出負責之代理商

台灣關閉戶清單.fil → **Summarize KEY address** 彙總開戶時之申請地址 → 依彙總之申請地址 找出負責代理商

144

分析資料 – Summarize

- 開啟"台灣關閉帳戶清單"
- 點擊 Analyze→Summarize
- 依據"地址"進行彙總
- 其他欄位不選擇
- 加總欄位不選擇
- Output選擇File，輸出檔名為 "關閉戶申請地址彙總"
- 點選"確定"完成

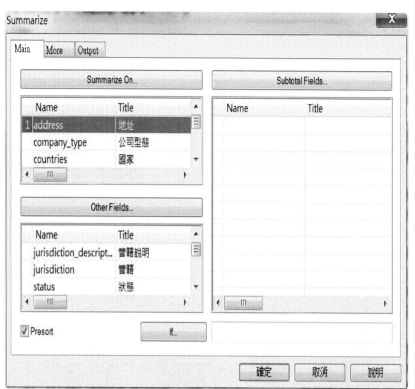

145

分析資料 – Summarize結果

共9筆

146

分析資料－代理商查核結果

- ⚲ 商智商務諮詢股份有限公司
- ⚲ 第三地管理顧問有限公司
- ⚲ 精博國際顧問股份有限公司
- ⚲ 諾翔管理顧問有限公司
- ⚲ 動勤管理有限公司
- ⚲ 英屬維京群島商特結國際有限…
- ⚲ 英寶顧問
- ⚲ GREAT OCEAN CPAS & CO. L…

GREAT OCEAN

步驟四:比對匯款對象與關閉戶清單
相符之高風險資料

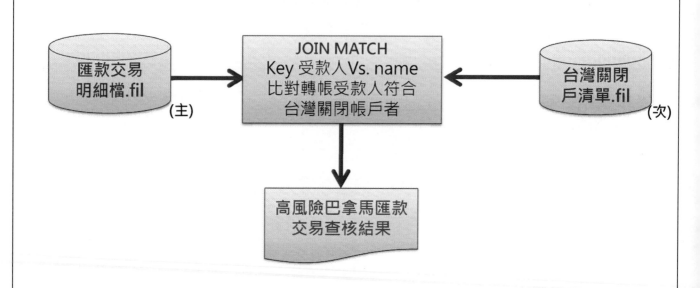

分析資料 – Join

- 開啟"匯款交易明細檔"
- Data→Join Table
- Secondary Table選取 "台灣關閉帳戶清單"
- 轉帳交易明細檔以 "匯款受款人"為KEY
- 台灣關閉帳戶清單以 "姓名"為KEY
- 勾選主表中所有欄位
- 勾選次表所有欄位
- 輸入檔名為"高風險巴 拿馬匯款交易查核"

149

分析資料 – Join

- 點選More頁籤
- Join Categories 選 擇Matched Primary Records
- 點擊「確定」

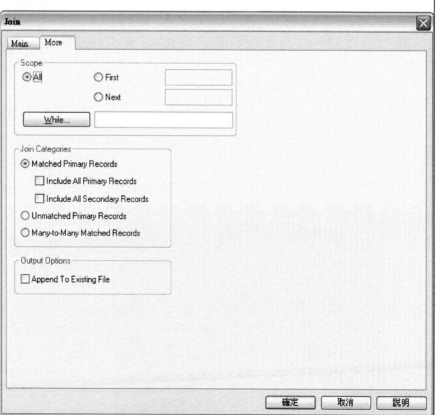

150

分析資料 – Join結果畫面

高風險疑似洗錢專案查核.acl - ACL Analytics

File　Edit　Data　Analyze　Sampling　Applications　Tools　Server　Window　Help

NAVIGATOR

高風險疑似洗錢專案查核.acl
- SDN
- 巴拿馬清單_註冊公司
- 可疑帳戶資料
- 台灣帳戶_2010到2011關閉清單
- 台灣帳戶清單
- 受款人鼻端
- 受款人與普剎名單
- 高風險AML交易對象
- 高風險AML帳戶
- 高風險巴拿馬關戶交易資料查核
- 高風險疑似洗錢交易對象
- 高風險疑似洗錢專案查核
- 帳戶基本資料檔
- 匯款交易明細檔
- 關閉戶申請地址鼻總

	金額	幣別	帳號	匯款受款人	借貸	交易說明	交易時間	交易日期	交易代號	st
1	38868	TWD	V0000309210	Advanced Vision Design International Ltd.	DEBIT	現金支出	09:08:46	07/01/2015	C_1111	De
2	28768	TWD	V0000309212	Advanced Vision Design International Ltd.	CREDIT	現金存入	09:20:29	07/01/2016	C_1101	De
3	76452	TWD	V0000309220	Advanced Vision Design International Ltd.	CREDIT	轉帳存入	09:03:05	07/01/2015	C_1201	De
4	133402	TWD	V0000309225	Advanced Vision Design International Ltd.	CREDIT	現金存入	15:50:14	04/05/2016	C_1101	De
5	38618	TWD	V0000309228	Advanced Vision Design International Ltd.	DEBIT	委託扣款	10:27:52	07/02/2016	C_1301	De
6	3888	TWD	V0000169544	Gin99 Global Inc.	CREDIT	現金存入	13:56:57	01/17/2016	C_1101	De
7	3888	TWD	V0000169544	Gin99 Global Inc.	CREDIT	現金存入	13:56:57	01/17/2016	C_1101	De
8	702	TWD	V0000170018	GLORY WORLD INTERNATIONAL, INC.	CREDIT	現金存入	14:01:52	01/17/2016	C_1101	De
9	702	TWD	V0000170018	GLORY WORLD INTERNATIONAL, INC.	CREDIT	現金存入	14:01:52	01/17/2016	C_1101	De
10	27238	TWD	V0000189439	LAITA LIMITED	DEBIT	其他支出	14:50:27	01/29/2016	C_1901	De
11	27238	TWD	V0000189439	LAITA LIMITED	DEBIT	其他支出	14:50:27	01/29/2016	C_1901	De
12	67118	TWD	V0000169542	Mable International Electronics Corp.	DEBIT	轉帳支出	14:02:51	01/17/2016	C_1211	De
13	67118	TWD	V0000169542	Mable International Electronics Corp.	DEBIT	轉帳支出	14:02:51	01/17/2016	C_1211	De
14	8952	TWD	V0000188968	MEI YI OPTOELECTRONICS TECHNOLOGY CO., LTD.	CREDIT	轉帳存入	14:47:16	01/29/2016	C_1201	De
15	8952	TWD	V0000188968	MEI YI OPTOELECTRONICS TECHNOLOGY CO., LTD.	CREDIT	轉帳存入	14:47:16	01/29/2016	C_1201	De
16	14188	TWD	V0000170017	NIJES ENTERPRISE (H.K.) CO., LIMITED	CREDIT	轉帳存入	15:55:33	06/16/2016	C_1201	De
17	14188	TWD	V0000170017	NIJES ENTERPRISE (H.K.) CO., LIMITED	CREDIT	轉帳存入	15:55:33	06/16/2016	C_1201	De
18	94022	TWD	V0000170491	RIGHT MEDIA INVESTMENTS LIMITED	CREDIT	轉帳存入	16:57:37	07/01/2016	C_1201	De
19	94022	TWD	V0000170491	RIGHT MEDIA INVESTMENTS LIMITED	CREDIT	轉帳存入	16:57:37	07/01/2016	C_1201	De
20	3572	TWD	V0000188494	Winergy Solar Power Co., Ltd.	CREDIT	現金存入	13:33:08	01/28/2016	C_1101	In
21	3572	TWD	V0000188494	Winergy Solar Power Co., Ltd.	CREDIT	現金存入	13:33:08	01/28/2016	C_1101	In

<< End of File >>

Overview　Log　Variables　　Default_View

高風險巴拿馬關戶交　　Records: 21

共21筆可疑交易資料

151

為什麼要做資料分析?

批判式思考 – 就是要去作審重的思考(Critical Thinking)

- 蘇格拉底說，一個高位階擁有權力的人，經常容易在事情的判斷上，產生迷失及無理性的行為。

- 他更進一步強調詢問深度問題的重要性，在相信一項論點之前，我們是否己經進行更深入的探討。

您真的信賴你所
查核的資料及交
易記錄的完整性
及正確性嗎?

152

洗錢防制持續性稽核實例演練

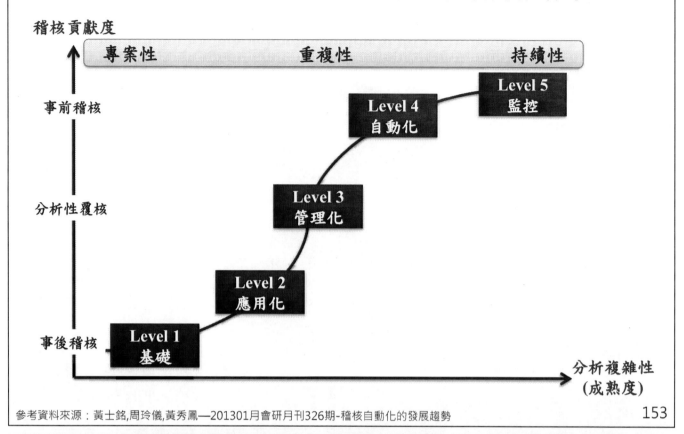

稽核貢獻度

專案性　　　　重複性　　　　持續性

Level 5
監控

Level 4
自動化

Level 3
管理化

Level 2
應用化

Level 1
基礎

事前稽核

分析性覆核

事後稽核

分析複雜性
(成熟度)

電腦稽核成熟度五階段說明

第一階段:基礎化	稽核人員已開始利用電腦稽核工具對大量的資料，進行特定的查核與分析，檢查全部的資料，找出舞弊與錯誤，**增加查核品質**。
第二階段:應用化	稽核人員已會設計與發展可以重複使用之測試程式，並將其與分析程序完全整合，改善分析的可靠程度與品質，與提高稽核的效率與效果。此階段的稽核團隊任務為開發電腦稽核程式。
第三階段:管理化	稽核人員已開始透過電腦主機與網路的優勢，制訂集中化與標準化的電腦稽核程式與資料分享作業，將相關的稽核知識集中於安全與可以協同運作的環境，分享稽核內容，加速稽核工作。此階段的稽核團隊任務為將所開發電腦稽核程式轉化為可以彈性化重複使用的稽核元件。
第四階段:自動化	稽核人員已開始建立使用週期性與有計畫性的排程稽核工作，洞察問題與增進作業效率。此階段的稽核團隊任務為使用E化的方式進行相關的稽核工作，如內控自評作業、年度稽核作業等。
第五階段:監控化	透過查核與異常報告之結果判別異常趨勢，並將結果交由營運作業負責人進行覆核與改正，及時地解決異常問題與減緩營運風險，達成企業永續經營的目的。此階段的稽核團隊任務為將稽核管理著重為後續問題的追蹤與改善，並利用E化工具來解決改善計畫進度的執行與分析稽核人員的績效指標。

提高稽核效率——持續性監控/稽核平台

開發稽核自動化元件　　經濟部發明專利第 I 380230號　　稽核結果E-mail 通知

持續性電腦稽核管理平台
Jacksoft ToolKits for ACL, JTK

稽核元件知識庫

ACL電腦稽核

稽核人員

稽核知識管理
稽核自動化元件
管理系統
（後台）

異常報告分析
稽核自動化底稿
管理系統
（前台）

稽核自動化元件管理　　　　　　　稽核自動化底稿管理與分享

■稽核自動化：
電腦稽核主機一天24小時一周七天的為我們工作。

JTK | **Jacksoft ToolKits for ACL**
The continuous auditing platform

熱門商品　　　　　　　　　　FAST FORWARD快速上線

洗錢防制持續性稽核最佳解決方案

TAIWAN DESIGN - TOP QUALITY

以資料分析為基礎的持續性稽核平台，海量資料快速分析

- **強大的海量資料分析引擎**
  資料分析引擎採用世界第一的電腦稽核軟體ACL，
  可在PC上快速進行海量資料分析

- **循環再利用，輕鬆建立查核元件**
  透過標準模板建立自動化的查核元件，顯著節省開發
  時間與有效的重複使用

- **高效發揮團隊價值**
  可設定工作排程進行自動化查核作業，提高工作效率
  可以發揮更大的專業價值

- **持續性監控，有效預防並減少裁罰**
  可動態新增與調整查核元件，以滿足法規遵循持續性
  監控與查核(如洗錢防制法、個人資料保護法、消費者
  保護等各式法規相關)要求

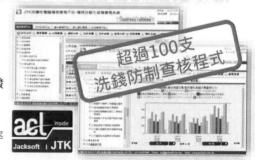

超過100支
洗錢防制查核程式

經濟部發明專利第 I 380230號

持續性電腦稽核　🔍 Search

洽詢專線 ☎ (02)2555-7886#102

▶▶ 洗錢防制法令遵循持續性查核元件與服務

針對洗錢防制法規要求各項需進行持續性監控與查核之控制要項，開發出電腦
稽核程序，並將這些查核程序予以元件化，讓法令遵循單位或稽核單位能夠持
續的進行監控或稽核確保控制的效率與效果，降低違法風險與遵循作業成本。

法規遵循提高

測試的複雜度

解決方案的多功能性與可擴展性

KYC作業查核
-客戶資料建檔完整性查核
-開戶注意事項查核
-疑似人頭戶查核
-客戶風險評估控制有效性查核......

黑名單管理查核
-黑名單設定控制有效性查核
-主檔比對各種管制名單證實性查核
-交易檔比對各種管制名單證實性查核......

規避大額通貨申報交易查核
-大額通貨交易申報完整性查核
-大額通貨交易申報正確性查核
-疑似規避大額通貨交易申報查核...

疑似洗錢拆單異常交易查核
-提現為名轉帳為實查核
-久未往來異常交易疑似洗錢查核
-交易最終受益人異常疑似洗錢查核
-密集拆單轉帳至第三人異常交易查核......

持 續 性 監 控 / 稽 核 報 表

技術的複雜度

內控風險降低

157

稽核自動化元件效用

1. 標準化的稽核程式格式，容易了解與分享

2. 安裝簡易，可以加速電腦稽核使用效果

3. 有效轉換稽核知識成為公司資產

4. 建立元件方式簡單，可以自己動手進行

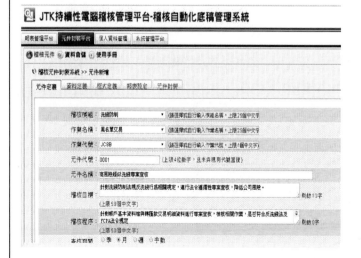

158

JTK持續性稽核平台-多面向搜尋查核稽核結果功能

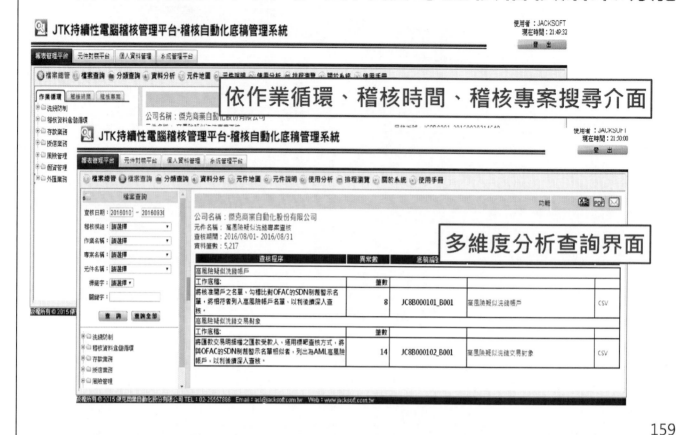

網頁結果明細預覽、深度了解問題

jacksoft
www.jacksoft.com.tw

公司名稱：傑克商業自動化股份有限公司
底稿名稱：高風險疑似洗錢帳戶
查核期間：2016/08/01- 2016/08/31
資料筆數：5,217

底稿編號：JC8B000101_B001
專案名稱：JTK20160930214259
異常數：8　　　執行時間：2016/09/30 21:46:48

查核範圍	稽核目標	查核說明
洗錢防制 黑名單交易 高風險疑似洗錢專案查核	針對洗錢防制法規反洗錢行為相關規定，進行法令遵循性專案查核，降低公司風險。	將核准開戶之名單，勾稽比對OFAC的SDN制裁警示名單，將相符者列入高風險帳戶名單，以利後續深入查核。

身分證字號	帳號	戶名	地址	承辦人員	電話
D174534439	V0000199362	ACUICOLA SANTA CATALINA S.A.	台北市大安區贈儀路362號	簡O大	05-1539733
D199362539	V0000274539	ALVARO ENRIQUE BARRERA RIOS Y CIA. S. EN C.S.	台北市南港區三月路304號	呂O和	07-3442297
D227325442	V0000268482	BELMEX IMPORT EXPORT CO. LTD.	台北市中山區中興路205號	楊O亞	
D272367539	V0000272584	AEROSPACE INDUSTRIES ORGANIZATION	台北市北投區車昇路97號	林O燦	
D324245442	V0000341912	CONSTRUCTORA IRAKA S.A.	台北市北投區南通路2段298號	許O全	
D325812403	V0000343867	LEMOFAR LTDA.	台南市善化區省船三街476號	梁O臺	07-3442297
D341695539	V0000341146	CUBACANCUN CIGARS AND GIFT SHOPS	台北市信義區嵩平巷361號	何O超	
D345434403	V0000247701	ALEGRIA DE PIO	台北市士林區自立街151號	周O新	08-3403250

共8筆似以上1-8筆　上一頁｜下一頁　第1頁/共1頁　跳頁 1▼

圖形化資料分析，讓您可以分析各稽核目標的異常狀態來判斷風險

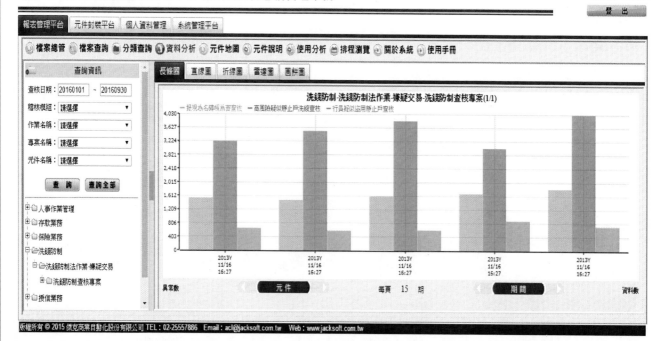

善用雲端技術建構優良
洗錢防制暨反資恐內部控制與風險管理

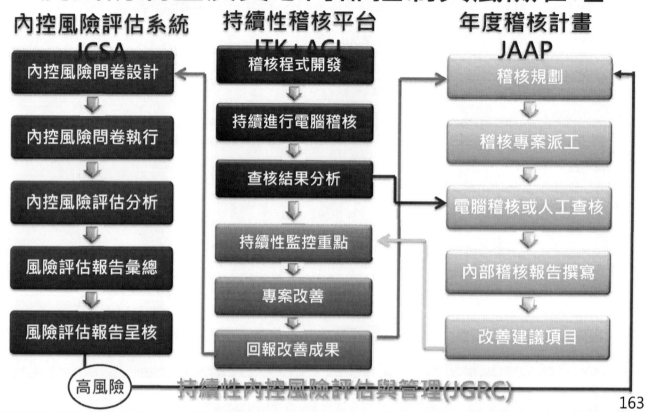

163

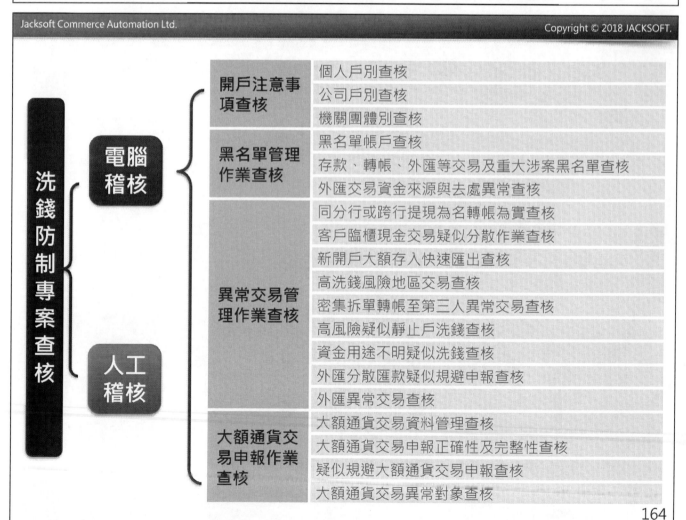

164

洗錢防制專案查核	電腦稽核	控制環境查核	是否定期宣告讓各級單位主管與所屬人員了解?
			是否建立統籌洗錢防制相關法令遵循的單位?
			是否建立相關洗錢防制的辦法與制度?
			是否編製洗錢防制相關教育訓練教學資料?
			專責人員是否熟悉洗錢防制法令並定期受訓?
		風險評估查核	洗錢防制管理是否列為公司整體層級重要目標?
			是否定期檢核洗錢防制整體目標達成狀況?
			是否建立洗錢防制管理相關風險評估與管理程序?
			是否建立洗錢防制的風險識別機制?
		控制活動查核	是否針對洗錢防制制定適當之控制政策和程序?
			是否依據各洗錢防制相關作業逐項評估執行結果?
			是否設計與建置適用的資訊科技控制機制?
	人工稽核	資訊與溝通查核	洗錢防制專責單位是否隨時注意外部洗錢防制法令之更新?
			是否訂定洗錢防制重大事件緊急應變計畫及其啟動機制?
			是否持續依洗錢防制法規定進行申報?
			是否持續更新不合作國家名單及PEP / OFAC所列舉警示名單?
			是否持續對洗錢防制監控相關資訊系統進行電腦稽核?
		持續監督查核	各單位是否針對各項重要洗錢防制作業做好持續性監控機制?
			是否設計適當洗錢防制內部控制自行評估與檢討制度並落實執行?
			各單位違反洗錢防制相關缺失是否經適當處置與改善追蹤?

165

JGRC-治理、風險管理與法規遵循最佳解決方案

經濟部技術處SBIR103~104年研發計畫專案補助

稽核自動化
最佳解決方案
Audit Automation

年度稽核計畫
Annual Audit Planning

持續性稽核
Continuous Auditing

24

產業內部稽核範本
Internal Auditing Sample

稽核報告
Internal Audit Report

稽核底稿
Working Papers

稽核App
ACL Scripts

稽核資料倉儲
Audit Data Warehouse

166

快速的稽核成效呈現給董事會

現代化的內控稽核戰情平台

時代不同了.......

以前的讀書人➜
博學之士、縱貫古今
(Skin Deep Knowledge 淺薄的知識)

Google 可以讓任何人縱貫古今

現代讀書人➜
要學習使用科學化工具來輔助思考

歡迎修習電腦稽核課程
與取得專業證照
成為數位時代的柯南

EDITORIAL

失敗的淺薄知識學習
Failure of Skin-Deep Learning

學習淺薄的知識注定要失敗- 科學月刊
http://www.sciencemag.org/ 2012/12

169

ICAEA國際電腦稽核教育協會簡介

ICAEA(International Computer Auditing Education Association)國際電腦稽核教育協會，總部設於**電腦稽核軟體發源地-加拿大溫哥華地區**的非營利性的國際組織。

ICAEA國際電腦稽核教育協會是最早以強化會計領域背景人士資訊科技職能的專業發展教育協會,其提供一系列**以實務為導向的課程與專業證照**,讓學員可以有效提升其data sharing, data analytics, data mining, data reporting and storage within and across organizations 的能力.

170

ICAEA 專業證照

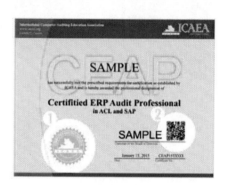

- 有別於一般協會強調理論性的考試，所有的ICAEA證照均須通過電腦上機實作專案的測試。

- ICAEA以產業實務應用為導向，提供完整的電腦稽核軟體應用認證教材、實務課程、教學方法、專業證照與倫理規範。

證書具備鋼印與QR code雙重防偽

Focus on the Competency for Using CAATs

專業證照- ICCP

國際電腦稽核軟體應用師(專業級)
International Certified CAATs Practitioner

 CAATs
-Computer-Assisted Audit Technique
強調在電腦稽核輔助工具使用的職能建立

職能	說明
目的	證明稽核人員有使用電腦稽核軟體工具的專業能力。
學科	電腦審計、個人電腦應用
術科	CAATs 工具

專家級證照- CFAP

國際鑑識會計稽核師(專家級)
Certified e-Forensic Accounting Professional

職能	說明
目的	國際鑑識會計稽核師 (專家級)證明具備使用CAATs工具協助遵循相關反貪腐/反賄賂法規與財務犯罪防治要求的專業能力。
學科	洗錢防制、反貪腐法規(如FCPA、BS 10500等)、舞弊行為、數位分析法則。
術科	CAATS +Accounting Transaction

 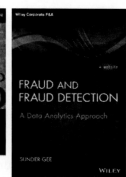

歡迎加入 ICAEA Line 群組
~免費取得 電腦稽應用學習資訊~

AS IS MODEL　　　　　**TO_BE MODEL**

「電腦稽核」與「商業自動化」專家

傑克商業自動化股份有限公司　台北市大同區長安西路180號3F之2(基泰商業大樓) 知識網:www.acl.com.tw
TEL:(02)2555-7886　FAX:(02)2555-5426　E-mail:acl@jacksoft.com.tw

參考文獻

1. 黃士銘，2015，ACL 資料分析與電腦稽核教戰手冊(第四版)，全華圖書股份有限公司出版，ISBN 9789572196809.

2. 黃士銘、嚴紀中、阮金聲等著(2013)，電腦稽核－理論與實務應用(第二版)，全華科技圖書股份有限公司出版。

3. 黃士銘、黃秀鳳、周玲儀，2013，海量資料時代，稽核資料倉儲建立與應用新挑戰，會計研究月刊，第 337 期，124-129 頁。

4. 黃士銘、周玲儀、黃秀鳳，2013，"稽核自動化的發展趨勢"，會計研究月刊，第 326 期。

5. 蘋果日報，2016，"《洗錢防制法》修正車手可判 5 年律師、會計師、房仲須通報異常資金隱匿罰 25 萬"
    http://www.appledaily.com.tw/appledaily/article/headline/20160826/37360553/

6. 經濟日報，2014，"管控洗錢有漏洞美罰渣打銀行 90 億元"
    http://edn.udn.com/news/view.jsp?aid=760733&cid=47#

7. BBC 中文網，2012，"匯豐銀行就洗錢認罰 19 億美元"
    http://www.bbc.com/zhongwen/trad/world/2012/12/121211_hsbc_us.shtml

8. 大紀元，2014，"反洗錢案花旗墨西哥銀行遭聯邦調查"
    http://www.epochtimes.com/b5/14/3/4/n4097038.htm

9. 理財網，2007，"台新金對違反洗錢防制法相關規定，罰鍰 20 萬元說明"
    http://www.moneydj.com/KMDJ/News/NewsViewer.aspx?a=73485655-9a02-4ef8-bcd3-a692cae172f5

10. NOWnews，2009，"澳分行涉助洗錢遭調查　兆豐銀王榮周深表遺憾、限期改善"
    http://www.nownews.com/n/2009/08/17/885008

11. 自由時報，2016，"反洗錢太嚴苛？美罕見聲明：九成五違失不罰"
    http://news.ltn.com.tw/news/focus/paper/1028153

12. 風傳媒，2016，"龐迪觀點：防制洗錢和資助恐怖主義，不能只是紙上談兵！"
    http://www.storm.mg/article/168825

13. 民報，2016，"揭露完整裁罰內容! 兆豐銀洗錢案美方全都露"
    http://www.peoplenews.tw/news/5105022e-3a21-4cd4-a41c-2f0562e2fc49

14. 中央通訊社，2016，"兆豐案金管會裁罰 1 千萬解除 6 人職務"
    http://www.cna.com.tw/news/firstnews/201609145023-1.aspx

15. 經濟日報，2018，"金管會防洗錢 14 業者挨罰"
    ttps://money.udn.com/money/story/5613/3064738

作者簡介

黃秀鳳 Sherry

現　　任

國際電腦稽核教育協會(ICAEA)大中華分會長

傑克商業自動化股份有限公司總經理

專業認證

ACL Certified Trainer

ACL 稽核分析師(ACDA)

國際鑑識會計稽核師(CFAP)

國際 ERP 電腦稽核師(CEAP)

內部稽核師（CIA）全國第三名

國際內控自評師(CCSA)

ISO27001 資訊安全主導稽核員

學　　歷

大同大學事業經營研究所碩士

主要經歷

超過 500 家企業電腦稽核或資訊專案導入經驗

傑克公司副總經理

耐斯集團子公司會計處長

光寶集團子公司稽核副理

安侯建業會計師事務所高等審計員

洗錢防制查核實例演練:
黑名單與反資恐(含巴拿馬文件)交易查核

作者 / 黃秀鳳

發行人 / 黃秀鳳

出版機關 / 傑克商業自動化股份有限公司

地址 / 台北市大同區長安西路 180 號 3 樓之 2

電話 / (02)2555-7886

網址 / www.jacksoft.com.tw

出版年月 / 2018 年 07 月

版次 / 2 版

ISBN / 978-986-92727-5-9